地域産業
集積の優位性

ネットワークのメカニズムとダイナミズム

田中英式 著
TANAKA Hidenori

東京 白桃書房 神田

目　次

序章 ● 本書の目的と構成 …… 1

1. 繊維アパレル産業の衰退傾向
　　―アジア諸国との競争に伴う産業空洞化 …… 1
2. 問題提起 …… 4
3. 本書の意義 …… 8
4. 本書の構成 …… 11

第1章 ● 産業集積論の系譜と本書の分析枠組み …… 15

1. はじめに …… 15
2. 産業集積論の系譜 …… 16
　2-1. 産業集積論の嚆矢：マーシャル『経済学原理』 …… 16
　2-2. 産業集積と柔軟な専門化 …… 18
　2-3. 産業集積とイノベーション …… 21
　2-4. まとめ：産業集積の現代的意義と
　　　　集積内ネットワークの重要性 …… 24
3. 集積内ネットワークのメカニズム …… 26
　3-1. ネットワークとは …… 26
　3-2. 集積内ネットワークの構造の把握 …… 26
　3-3. 集積内ネットワークの機能の把握 …… 27
4. 集積内ネットワークのダイナミズム …… 29

4-1. 歴史的視点の重要性 ……… *29*

　　　4-2. 集積内ネットワークのダイナミズム１：集積の形成要因 ……… *31*

　　　4-3. 集積内ネットワークのダイナミズム２：
　　　　　　　　　　　　　　　ソーシャル・キャピタル ……… *31*

　　　4-4. 集積内ネットワークのダイナミズム３：
　　　　　　　　　　　　　新結合を生み出した企業家精神 ……… *34*

　5. 実証研究の方法とインタビュー調査の概要 ……… *36*

Part 1　岡山ジーンズ産業集積内ネットワーク

第2章 ● メカニズム ……… *40*

　1. はじめに ……… *40*

　2. 調査の概要 ……… *40*

　3. 集積内ネットワークのメカニズム―その構造と機能 ……… *42*

　　　3-1. ネットワークの構造 ……… *42*

　　　3-2. ネットワークの機能 ……… *50*

　4. おわりに ……… *56*

第3章 ● ダイナミズム ……… *58*

　1. はじめに ……… *58*

　2. 集積形成の契機 ……… *59*

　　　2-1. 新田開発と綿作の導入 ……… *59*

　　　2-2. 瑜伽大権現とアパレル製販業の発展 ……… *60*

3. 集積内ネットワークの形成・発展とソーシャル・キャピタル………*61*
　　3-1. 集積内ネットワークの形成と発展………*61*
　　3-2. ソーシャル・キャピタルとしての血縁・地縁ネットワーク………*63*
4. 新製品導入型の集積発展………*64*
　　4-1. 韓人紐と腿帯子の輸出のケース………*66*
　　4-2. 学生服のケース………*67*
　　4-3. 現在のジーンズのケース………*67*
5. おわりに………*70*

Part 2　今治タオル産業集積内ネットワーク

第4章● メカニズム………*74*

1. はじめに………*74*
2. 調査の概要………*75*
3. タオルの生産工程と調査対象企業のプロフィール………*75*
　　3-1. タオルの生産工程と集積の構成企業………*75*
　　3-2. 調査対象企業のプロフィール………*78*
4. 集積内ネットワークの構造………*82*
5. 集積内ネットワークの機能………*85*
　　5-1. 各単位の役割と能力………*86*
　　5-2. 各単位間の相互作用………*89*
　　5-3. 四国タオル工業組合の役割………*90*
6. おわりに………*91*

第5章 ● ダイナミズム1：集積内ネットワークの形成と発展 ········ 93

1. はじめに ········ 93
2. 綿織物産地からタオル産業集積へ ········ 94
   - 2-1. 今治綿業の歴史 ········ 94
   - 2-2. タオル産業の歴史 ········ 96
   - 2-3. 今治綿業発展の要因 ········ 97
3. タオル産業集積内ネットワークの発展 ········ 99
   - 3-1. 分業ネットワークの発展プロセス ········ 99
   - 3-2. ネットワークの発展要因―独立開業と血縁・地縁 ········ 102
4. おわりに ········ 105

第6章 ● ダイナミズム2：環境変化への対応とセンスメーキング ········ 107

1. はじめに ········ 107
2. 分析枠組みの設定 ········ 108
3. 産業集積のダイナミズムとセンスメーキング ········ 111
   - 3-1. 生産量の変化から見た集積変化のフェーズ ········ 111
   - 3-2. フェーズ1：下請けとしてのアイデンティティと問屋依存のOEM生産 ········ 112
   - 3-3. フェーズ2：環境変化とタオル企業のセンスメーキング ········ 114
   - 3-4. アイデンティティとビジネスモデルの社会化と業界団体の役割 ········ 119
4. おわりに ········ 120

Part 3 　岐阜婦人アパレル産業集積内ネットワーク

第 7 章 ● メカニズム ……………………………………………………………… 124

1. はじめに ……… 124
2. 調査の概要 ……… 125
3. 集積内ネットワークの構造 ……… 126
   - 3-1. 統計資料から見たネットワークの構造 ……… 126
   - 3-2. インタビュー調査から見たネットワークの構造 ……… 128
4. 集積内ネットワークの機能 ……… 131
   - 4-1. G 社のケース ……… 132
   - 4-2. ネットワークの機能：特定市場を対象とした「柔軟な専門化」……… 133
5. おわりに ……… 135

第 8 章 ● ダイナミズム ……………………………………………………………… 137

1. はじめに ……… 137
2. 岐阜アパレル産業集積の歴史に関する資料・既存研究 ……… 138
3. 集積内生産ネットワークの形成・変容プロセス ……… 140
   - 3-1. 集積内生産ネットワークの形成 ……… 140
   - 3-2. 集積内生産ネットワークの変容 ……… 143
   - 3-3. 小括 ……… 144
4. 集積内ネットワークの形成要因 ……… 145
   - 4-1. 製造卸企業のネットワーク構築 ……… 145
   - 4-2. 縫製業の起源とネットワーク ……… 147

  4-3. リンケージ企業と「待ちの商売」………149
 5. おわりに………151

終章 ● 結論：商人的リンケージ企業の存在の重要性……………153

あとがき
引用文献
人名索引
事項索引

序章

本書の目的と構成

　本書の目的は，繊維・アパレル産業集積を対象とし，集積内ネットワークの観点から，国内地域産業集積の優位性維持の要因について実証的に明らかにすることにある。

　本章では，まず本書が対象とする繊維・アパレル業界を取り巻く国際競争の状況を俯瞰しながら，国内地域産業集積の課題について指摘し，本書の目的の意義を明らかにする。その上で，本書の構成について述べる。

1. 繊維アパレル産業の衰退傾向——アジア諸国との競争に伴う産業空洞化

　図序-1は，国内繊維産業の製造出荷額の時系列推移を示したものである。図から明らかなように，国内繊維産業の製造出荷額は，1991年をピークに20年間以上を通じて大幅な減少傾向にある。歴史的に見ると，こうした繊維・アパレル産業の衰退傾向は，アジアの後発工業国との競争に伴う産業空洞化の問題として捉えることができる。

　繊維・アパレル産業は，日本の近代産業の先がけとして発展し，戦後の経済成長を支えてきた。戦後の日本経済は，旧式の機械設備と技術と低廉な労働力を使って生産した労働集約製品を輸出する[1]という状況から始まったが，その中でも繊維アパレル産業は当時の主力産業であった。事実，1950年時点において，繊維製品の輸出構成比は48.3％とほぼ半分を占め，1950年代を通じて高い構成比を維持し続けた（表序-1参照）。

　1960年代以降，繊維製品の輸出構成比は低下していくが，その背景には，

1　小宮［1988］，p. 157。

図序-1 繊維産業の製造出荷額の推移（1965-2014年）

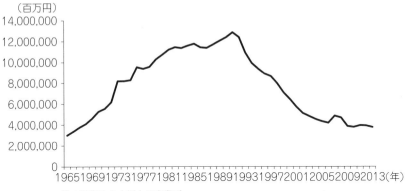

注：従業員4人以上の事業所
出所：工業統計各年版より作成

表序-1 主要製品別輸出構成比（通関ベース） (%)

輸出総額 （100万ドル）	食料品	繊維製品	化学製品	非金属鉱物製品	金属・同製品	（うち鉄鋼）	機械	（うち自動車）	その他
1950年	298	6	48.3	2	3.7	18.1	8.7	10.1	―	12.1
1955	2010	6.3	37.3	5.1	4.6	19.3	12.9	12.4	0.3	15.1
1960	4,005	6.3	30.2	4.5	4.2	14	9.6	22.9	1.9	9.6
1965	8,452	4.1	18.7	6.5	3.1	20.3	15.3	35.2	2.8	12.1
1970	19,318	3.3	12.5	6.4	1.9	19.7	14.7	46.3	6.9	9.9
1975	55,753	1.4	6.7	7	1.3	22.5	18.3	53.8	11.1	7.4
1980	129,807	1.2	4.9	5.2	1.4	16.4	11.9	63.8	17.9	8.1

出所：鶴田［1984］, p.48（原資料は日本関税協会「貿易概況」）

アジアの後発工業国の台頭に伴う日本製品の競争力低下という要因がある[2]。1950年代の初め，日本は東・東南アジア地域でほとんど唯一の近代的繊維生産国・輸出国であった。しかし，1960年代に入ると，香港・台湾・韓国

---
2 以下，この段落は主に山澤［1983］, p.348を参照。

が対米綿製品輸出を増大させ、日本製品に置き換わるようになった。他方で同時期は、1950年代まで日本の綿製品の主要輸出先であったASEAN諸国において、輸入代替が急速に進んだ時期でもある。当時、日本の繊維企業はASEAN諸国政府の投資誘致政策に呼応して、輸出から企業進出・現地生産に切り替えた。その結果、ASEAN地域への輸出は、これらの現地生産品に

表序-2 繊維製品主要国別輸入額推移（2011-2015年）

単位：100万円（構成比%）

国＼年	2011	2012	2013	2014	2015
中国	2,455,851 (75.7)	2,450,579 (74.0)	2,878,750 (71.9)	2,793,734 (68.2)	2,802,231 (65.3)
ベトナム	169,692 (5.2)	199,303 (6.0)	276,567 (6.9)	337,867 (8.2)	415,103 (9.7)
インドネシア	82,815 (2.6)	98,082 (3.0)	133,122 (3.3)	149,879 (3.7)	173,344 (4.0)
イタリア	80,125 (2.5)	83,954 (2.5)	106,496 (2.7)	109,424 (2.7)	110,891 (2.6)
タイ	59,888 (1.8)	60,502 (1.8)	79,485 (2.0)	91,580 (2.2)	101,498 (2.4)
バングラデシュ	29,986 (0.9)	41,271 (1.2)	59,114 (1.5)	72,452 (1.8)	98,403 (2.3)
カンボジア	12,321 (0.4)	15,476 (0.5)	29,207 (0.7)	50,476 (1.2)	80,018 (1.9)
ミャンマー	27,608 (0.8)	32,639 (1.0)	47,005 (1.2)	59,812 (1.5)	70,469 (1.6)
台湾	41,388 (1.3)	39,477 (1.2)	44,470 (1.1)	49,406 (1.2)	52,326 (1.2)
韓国	55,808 (1.7)	51,324 (1.5)	55,887 (1.4)	54,984 (1.3)	51,128 (1.2)
その他	229,791 (7.1)	241,088 (7.3)	293,053 (7.3)	326,166 (8.0)	335,376 (7.8)
合計	3,245,273 (100)	3,313,695 (100)	4,003,156 (100)	4,095,780 (100)	4,290,787 (100)

出所：日本繊維輸入組合の統計より作成

代替されたのである。

　1970年代になると，以上のアジア製品は，日本国内市場にも浸透するようになる。1973年には，戦後長期間に渡って黒字を記録してきた日本の繊維貿易収支が初めて赤字となった[3]。以後，1980年代中期から現在に至るまで繊維貿易収支の赤字が継続している。さらに1990年代に入ると，これまでの韓国・香港・台湾からの輸入に対して，中国からの繊維製品の輸入が急増した。服部［2007］によると，日本のアジアからの繊維製品輸入は対韓輸入が先導した。その状態は1980年代前半まで続いたが，そのころには中国が台湾や香港の対日輸出を凌駕して韓国を急追していた。80年代の終わりまで韓中の輸入は伯仲していたが，90年代に入ると対中輸入が対韓輸入を一挙に抜き去った。現在，日本の繊維製品輸入額の国別構成比では，中国の比重が圧倒的である（表序-2参照）。

　以上のように，日本の繊維・アパレル産業は，後発のアジア諸国との競争に伴う国際競争力の低下という要因によって衰退傾向にある。

2. 問題提起

　猪木［2000］は，1955年以降の経済成長は，大企業による新技術導入，貿易自由化による多量の安価な資源の輸入だけでなく，中小の事業所の活力あふれる企業家精神の貢献も大であったと指摘した上で，そうした中小企業の類型のひとつとして，江戸時代ないしはそれ以前に産地形成がなされた絹織物・綿織物などの「在来産業」の製品を製造する中小企業を挙げている。日本の繊維・アパレル産業には，こうした伝統的な産地型の地域産業集積が現在に至るまで多く存在している。例えば，日露戦争後から戦間期までの産地綿織物業の全国的な状況を考察した阿部［1989］は，当時の主要な綿織物産地として表序-3の12の都府県の各産地を挙げている。

　上述のような繊維産業全体の衰退傾向の中で，これらの国内地域産業集積も衰退を余儀なくされ，生産量を低下させていった。本書が注目するのは，

---

[3] 通商産業省［1993］，p.167.

表序-3　大正～昭和初期における主要綿織物産地

府県	産地
栃木	佐野
埼玉	北埼玉，北足立
静岡	遠州
愛知	東三河，幡豆，三州，尾州，尾西，名古屋，知多
三重	伊勢，松阪
大阪	中・北河内，南河内，泉北，泉南
和歌山	和歌山
兵庫	播州
岡山	児島，井原
広島	備後
愛媛	今治，松山，松山
福岡	久留米

出所：阿部［1989］，p.32 より作成

　こうした状況においても，伝統的な繊維・アパレル産業集積の中には，現在でも一定の競争力を維持し続けている集積が存在しているという事実である。特に本書が研究対象として取り上げるのは，岡山県児島地区を中心としたジーンズ産業集積と，愛媛県今治市のタオル産業集積の2つのケースである。
　前者に関して，表序-3にも示したように，岡山県児島地区は同県井原とともに伝統的な綿織物産業集積地としての歴史を持っているが，現在同地区はジーンズ産業集積地となっている。日本における繊維・アパレル関連の産業集積が中国をはじめとするアジア諸国との価格競争によって軒並み衰退しているにもかかわらず，ジーンズに特化した岡山の場合は現在でも成長を続けており，岡山産のジーンズは国内で大きなシェアを占めている。特に岡山ジーンズ産業集積が優位性を発揮している製品は，高付加価値ジーンズである。日常的なカジュアル・ウェアという一般的なジーンズの認識とは異なり，ジーンズは「色落ち」などの風合い，最新のスタイリング等により高付加価値化が進展している。こうした高付加価値ジーンズについて岡山ジーンズ産

業集積は，国内のみならず，国際的にも一定の競争力を有している。例えば，海外の高級ジーンズメーカーや有名高級ファッションブランドもジーンズについては岡山に生産を発注するケースがある。そして，岡山では，多数のジーンズメーカー，および関連専門企業の集積によってこうしたジーンズを生産している。

後者に関して，愛媛県今治市は，江戸時代からの伝統的な綿産地であり，古くから繊維業が発展してきた。この地域でタオル生産が開始されたのは明治27（1884）年である[4]。現在，今治市は日本を代表するタオル産業集積地を形成しており，2015年の国内生産量のシェアは58.2％で全国第1位である[5]。同集積は，タオルメーカーを中心に，染色業，捺染業，撚糸業などの専門企業から構成され，海外の安価なタオルとの競争，国内需要の低迷という大きな環境変化を経験しながら，現在でもその優位性を維持している。

図序-2は，今治タオル産業集積の生産量の推移を示したものである。

図序-2 タオル生産量の時系列推移（1970-2015年）

出所：四国タオル工業組合のデータから作成

---

4 今治市の繊維業，およびタオル産業集積の歴史については，第5章を参照。
5 四国タオル工業組合のデータによる。生産量とシェアは四国全体のデータであるが，実質的に四国のタオル生産は，今治市が中心となっている。

1991年をピークに生産量が低下していく傾向は上述の日本全体の繊維産業の状況と正に一致している。ここで注目すべきは，2010年から15年までは，6年連続で生産量が増加しているという点である。92年以降，大幅な低下傾向にあった同集積の生産量は，ここ数年で増加傾向に転じている。

　後に詳しく見ていくように，従来，同集積では主に問屋取引を通じたOEM生産が主流であったが，近年では，OEM生産に加え，集積独自の「今治タオル」ブランドに基づく自社ブランド製品や小売店への直販といった従来とは異なるビジネスを展開する企業群によってその優位性を維持している。

　では，なぜこの2つの産業集積は，グローバル化に伴う日本の繊維・アパレル産業の全体的な衰退傾向の中で，このように一定の優位性を維持することが可能であったのだろうか。その優位性維持の要因について実証的に明らかにすることが本書の研究のメインテーマである。ただし，このテーマに取り組むためには，以上2つのようないわゆる成功事例の実証分析だけでは不十分である。本書では，比較対象として，衰退が進行中の産業集積の事例についても注目する。具体的には岐阜駅前の婦人アパレル産業集積を取り上げる。JR岐阜駅前の問屋町には，中小企業を中心とした婦人アパレルの製造卸企業が多く集積している。岐阜婦人アパレル産業集積は，第二次世界大戦の終戦時に満州からの引揚者達が古着や軍服などを売り始めたことが起源とされている。国内アパレル産業の海外移転が進む中，同集積では，製造卸企業を中心に現在でも国内生産を行っている。他方，同集積はその衰退についても指摘されている。例えば，問屋町の製造卸企業を主な会員とする岐阜ファッション産業連合会の会員数は，1979年の1633社（岐阜県産業経済振興センター［2006］）をピークに現在は366社にまで減少している。

　本書では，以上の3つの産業集積を対象とし，特に集積内ネットワークの観点から分析を行い，優位性の要因として「商人的リンケージ企業」という新しい概念を提示する。

3. 本書の意義

 以上のように，本書の目的は，繊維・アパレル産業集積を対象とし，集積内ネットワークの観点から，国内地域産業集積の優位性維持の要因について実証的に明らかにすることにある。筆者は，以下の2点において，こうした本書の目的は大きな意義を持つものと考えている。

 第1は政策上の意義である。これまで見てきたように，国内繊維・アパレル産業は，後発のアジア諸国との競争に伴う産業空洞化・国際競争力の低下という要因によって衰退傾向にある。今後，日本の繊維・アパレル産業はいかにして後発工業国と競争していくべきであろうか。こうした国内製造業の競争力・優位性の維持は，現在の日本の産業政策にとって喫緊の課題である。3つの限られた研究対象ではあるが，本書において繊維・アパレル産業集積の優位性維持の要因を実証的に明らかにすることができれば，今後のこの領域における産業集積支援についての政策提言を導き出すことができると考えている。

 さらにここで指摘したいことは，本書が研究対象とする繊維アパレル産業を取り巻く問題は，現在の日本の製造業全体のそれの先駆的な縮図となっているという点である。上述の繊維アパレル産業の衰退のプロセスは，ある程度のタイムラグを伴いつつも，エレクトロニクス（半導体，テレビ，VTR，オーディオ，白物家電等）や自動車などの他の産業においても進行中である。日本は，1980年代を中心に，これらの製造業の分野で大きな国際競争力を持つに至った。こうした製造業の分野において，日本企業の製品はアメリカ，ヨーロッパ，アジアと世界中に輸出され，さらにその後は，直接投資を通じた現地生産によって大きな国際シェアを得るようになった。特に1985年以降，日本企業の海外投資は大幅に増加した。

 現在の日本の自動車・エレクトロニクス産業の大きな問題のひとつは，従来の日本の製造業の競争優位を支えてきたメーカーとサプライヤーの長期継続的な企業間関係のシステム，およびそれに基づく国内産業集積の海外移転

が相当程度進行中であり，従来のいわゆる企業城下町型の産業集積[6]が衰退しているという点である。すなわち，これらの産業においては，例えば，トヨタ自動車株式会社を中心とした愛知県の豊田地区（より広くは三河地区），株式会社日立製作所を中心とした茨城県の日立地区に代表されるように，大手組立メーカーを中心にその部品を生産する中小企業（サプライヤー）が集積するという城下町型の産業集積が形成されてきた。

　しかしながら，近年では，自動車産業，および一部の家電産業では，メーカーの海外進出に伴い，国内の有力なサプライヤーが日系サプライヤーとして現地に進出するケースが非常に多い[7]。例えば，ある家電部品サプライヤーのように，日本国内には既に生産拠点は存在せず，すべてアジア諸国で生産し，現地の日系メーカーに製品を販売しているという極端なケースもある。他方で日系メーカーは，進出先の現地サプライヤーに対しても，日本国内と同様の指導・育成を行い，長期継続的な企業間関係を構築している側面もある。自動車，家電等のいわゆる大企業がもはや日本国内だけでなく，グローバル企業として活動している以上，サプライヤーを含めた一連の産業基盤は実質上，それぞれの進出先国へと移っており，国内では機能しなくなっている。つまり，従来の城下町型の産業集積からの転換が求められているのである。他方で，特にエレクトロニクスの分野においては，現在，後発のアジア諸国の製品が大きな国際シェアを有し，それらの一部は日本市場にも浸透しつつある。表序-4は，2015年における主要エレクトロニクス製品の世界生産シェアを示したものである。世界シェア上位3社は韓国のサムスンや中国のハイアール等全てアジア企業である。また，情報機器の分野では，例えばOEMを含むノートパソコンの世界生産シェアは，実に台湾企業だけで80％以上を占めている（表序-5参照）。このように，グローバル競争に伴う日本企業の国際競争力低下，国内産業空洞化という状況の中で，国内産業集積の優位性維持の要因を検証するという本書の目的は，日本の製造業全体に適用可能な政策課題と言える。

6　企業城下町型産業集積について，詳しくは西岡［1998］を参照。
7　以下の記述は，主に田中［2013］を参照。

表序-4　主要エレクトロニクス製品の世界生産シェア（2015年）

LCD-TV

順位	メーカー名（国・地域）	シェア（%）
1	サムスン（韓国）	21.1
2	LG（韓国）	12.1
3	TPV（台湾）	8.4

ルームエアコン

順位	メーカー名（国・地域）	シェア（%）
1	格力（中国）	21.7
2	美的（中国）	17.4
3	サムスン（韓国）	6.6

冷蔵庫

順位	メーカー名（国・地域）	シェア（%）
1	ハイアール（中国）	23
2	サムスン（韓国）	10.7
3	ハイセンス（中国）	8.7

洗濯機

順位	メーカー名（国・地域）	シェア（%）
1	ハイアール（中国）	15.2
2	サムスン（韓国）	14.8
3	LG（韓国）	11.5

注：生産台数によるシェア

出所：富士キメラ総研［2016］より作成

表序-5　OEMを含むノートPCの世界生産シェア（2015年）

順位	メーカー名（漢字名）	国（地域）名	生産台数	シェア（%）
1	QUANTA（廣達）	台湾	47,000	28.7
2	COMPAL（仁宝）	台湾	37,500	22.9
3	WISTRON（緯創）	台湾	18,500	11.3
4	レノボ	中国	14,500	8.9
5	INVENTEC（英業達）	台湾	13,500	8.3
6	PEGATRON（和碩）	台湾	10,000	6.1
7	サムスン	韓国	8,000	4.9
8	FOXCONN（鴻海）	台湾	4,000	2.4
9	Elite（精英）	台湾	1,600	1.0

出所：富士キメラ総研［2016］より作成

　第2は日本の産業集積研究，特に伝統的産業集積に関する研究上の意義である。まず繊維アパレル産業集積に関しては，上述の阿部［1989］を中心に歴史的な分析は多くあるものの，現在の集積についての詳細な実証研究，特

にその優位性に関する研究はほとんど蓄積されていない。そもそもこれまでの日本の産業集積研究では，競争力を持つ中小企業の産業集積についてはほとんど研究されてこなかった。この点に関して岡本［1997］は，海外の産業集積との比較から，日本の産業集積について以下の問題点を指摘している。ひとつには，上述のように大企業メーカーの部品供給を中心に産業集積が形成されてきたこと，および繊維，家具，陶器といった伝統的な産業集積も複雑な流通経路に飲み込まれてしまっていることから，いずれの場合も日本の産業集積は最終製品市場から分断されてしまっている点である。2つには産業集積内部の企業間ネットワークの形成が弱く，地域としての協力関係や信頼関係が発達していないという点である。以上の問題点から，現在までの日本においては，中小企業のみで競争力を発揮できるような産業集積が発展してこなかったという理解が一般的である。本研究は，こうした様式化された日本の産業集積像に対して，新たな産業集積像を提示するものである。その意味で，本書は，日本の産業集積研究上も大きな意義を持つと考えている。

4. 本書の構成

　本書の構成は以下の通りである。まず第1章では，本書の分析枠組み，および研究方法を提示した上で，筆者が行ったフィールド調査の概要について述べる。ここではまず，産業集積に関する主要な既存研究のサーベイを通じて，現代産業集積分析の本質が，集積内ネットワーク分析にあることを指摘する。その上で，これまで断片的に議論されてきた集積内ネットワークの議論を総合し，そのメカニズム，およびダイナミズムについての体系的な分析枠組みを提示する。本書の研究方法は，インタビュー調査に基づく定性的な実証分析である。筆者は，2007年8月から2013年2月までの間に，岡山ジーンズ産業集積における15社，2団体，岐阜アパレル産業集積における13社，今治タオル産業集積における13社，1団体と合計41社3団体に渡る広範なインタビュー調査を行った。ここではこれらのインタビュー調査の概要について述べる。

続く第2章から第8章までは，各産業集積を対象とした集積内ネットワークのメカニズム，およびダイナミズムに関する実証分析である。第2章と第3章は岡山ジーンズ産業集積を対象とした分析である。まず第2章は，同集積における集積内ネットワークのメカニズムに関する分析である。この章では，インタビュー調査結果に基づいて同集積における集積内ネットワークの実態を明らかにした上で，優位性維持の要因について分析していく。岡山ジーンズ産業集積では，ジーンズ自社ブランド企業を中心として，生地卸企業，洗い加工企業，縫製企業など様々な専門企業との分業ネットワークによってジーンズが生産されている。ここでは，まず集積内ネットワークの構造として，同集積における集積内ネットワークは，全体としては広範かつ重複する取引関係のネットワーク（全体ネットワーク）を形成しながらも，それはジーンズ自社ブランド企業を中心とした比較的強い関係を持つより有機的な複数の個別ネットワーク（部分ネットワーク）から構成されているということを明らかにする。次に集積内ネットワークの機能として，部分ネットワークにおける自社ブランド企業と専門企業との密接な相互作用を通じて市場ニーズにあった製品を柔軟に提供する一方で，全体ネットワークによって集積全体としての生産規模を確保していることを指摘する。以上の集積内ネットワークのメカニズムの分析を通じて，本章では，産業集積の優位性維持の要因として，リンケージ企業としてのジーンズ自社ブランド企業の役割に注目する。同集積においては，集積内ネットワークの頂点であるジーンズ自社ブランド企業が，都市部に直営店を持ち直売したり，営業所での営業活動や展示会を通じて全国の小売店に製品を販売したりしている。また一部の企業は販売や展示会への出展等を通じて海外市場にもリンクしている。これらの企業は，直営店や，全国小売店への販売，海外展示会等で自ら情報収集，マーケティングを行った上で，市場動向に合わせた製品開発を行い，集積内部の専門企業の専門能力を活用することにより，競争力のある製品を生産・販売している。ここでは，これらの企業を「商人的リンケージ企業」と呼び，その内生的発展が，産業集積の優位性の維持の主な要因であるということを主張する。

そして，第3章は，岡山ジーンズ産業集積における集積内ネットワークのダイナミズムについての分析である。本章では，上記のような商人的リンケージ企業を中心とする独自の集積内ネットワークがいかに形成・発展してきたのかという問題について，集積の形成要因，ソーシャル・キャピタル，および企業家精神という3つの視点から，同集積における集積内ネットワークのその歴史的プロセスを検証する。ここでは，同集積においては，歴史的にもともと市場と集積とを結び付ける商人的リンケージ企業が輩出されやすい素地があり，継続的に商人的リンケージ企業が生まれ，集積内ネットワークが発展してきたことを指摘する。

　続いて第4章から第6章までは，今治タオル産業集積についての分析である。まず第4章は同集積における集積内ネットワークのメカニズムに関する分析である。ここでは，同集積においても，構造と機能の両面において，基本的には上記の岡山ジーンズ産業集積の場合と同様の集積内ネットワークのメカニズムが存在していること，および商人的リンケージ企業の内生的な発展が同集積の優位性維持の要因となっていることを明らかにする。

　次に第5章と第6章は，今治タオル産業集積のダイナミズムに関する分析である。まず第5章では，同集積における集積内ネットワークの形成・発展に関する歴史的プロセスを検証する。ここでは，同集積も基本的には上記岡山ジーンズ産業集積と同様に継続的に商人的リンケージ企業が生まれることで，集積内ネットワークが発展してきたことを示す。しかしながら，同集積においては，その後，問屋を中心とした流通ネットワークに組み込まれ，OEM生産が主流となり，その優位性を低下させていった。続く第6章では，こうした問屋依存のOEM生産を中心とした集積内ネットワークが，いかにして現在のような商人的リンケージ企業を中心としたそれへと再び変化できたのかという問題について分析する。ここでは，経営学や社会学における「センスメーキング」の分析枠組みを援用し，同集積では，環境変化に対応し，従来とは異なる新たなアイデンティティとビジネスモデルを社会化することで，集積の優位性を維持してきたことを明らかにする。

　最後に第7章と第8章は，岐阜婦人アパレルを対象とした分析である。ま

ず第7章で，同集積における集積内ネットワークのメカニズムについて分析する。ここでは，同集積においても，構造と機能の両面において，基本的には岡山ジーンズ産業集積，および今治タオル産業集積と同様の集積内ネットワークのメカニズムが存在していることを明らかにする。しかしながら，他方で，同集積においては，集積内ネットワークの頂点であるリンケージ企業としての製造卸企業が主体的に最終市場にリンクしておらず，商人的リンケージ企業としての役割を果たしていないことを指摘する。続く第8章は，同集積における集積内ネットワークのダイナミズムに関する分析である。同集積は，江戸時代からの綿産地としての長い歴史を有する岡山ジーンズ産業集積，および今治タオル産業集積とは異なり，戦後の引揚者による古着商を中心とした販売業者の集積として形成されたという独自の背景を持っている。ここでは，集積形成の初期段階において，もともと繊維・アパレル関係の経験を有する製造卸企業家達がネットワーカーとして現在と同様のメカニズムを持つ集積内ネットワークを創り上げてきたこと，および他方で，同集積の場合は，地方卸や小売店の方が買い付けに来るいわば「待ちの商売」が形成され，彼らは市場とのリンクの面では大きな役割を果たしてこなかったことを指摘する。

　以上を踏まえ，最後に終章で結論を述べる。ここでは，本書の議論を要約した上で，他の産業集積に対するインプリケーションを提示する。

第1章

産業集積論の系譜と本書の分析枠組み

1. はじめに

　本章では産業集積に関する既存研究の整理を通じて，現代産業集積分析のための独自の分析枠組みを提示する。産業集積に関する議論自体は長い歴史を持つものであるが，欧米では特に1980年代後半以降，現代的課題の中で産業集積を捉え直す動きが活発化してきた（松原［1999］）。日本においても，特に2000年代以降，主にポーターのクラスター理論（Porter［1998］，邦訳［1999］）の影響を強く受け，新たな産業集積像を模索する議論が盛んである（山崎（編）［2002］，石倉・藤田・前田・金井・山崎（編）［2003］等）。しかしながら，ここで指摘したい問題点は，こうした現代的課題の中で産業集積を捉え直すという研究自体が比較的最近のものであるため，集積の効果をどこに求めるか，その効果を生み出すメカニズムはどのようなものかといった議論の根幹部分において，論者によって見解が様々であり，コンセンサスが形成されていないという点である。したがって，本章では，これまでの議論を整理し，現代産業集積分析のための体系的な分析枠組みを整備する。

　本章の構成は以下のとおりである。まず第2節は既存研究サーベイである。ここでは，産業集積に関する主要な既存研究のサーベイを通じて，現代産業集積分析の本質が，集積内ネットワーク分析にあること，したがって，これまで断片的に議論されてきた集積内ネットワークの議論を総合し，体系的な枠組みを構築すべきであることを指摘する。以上を踏まえ，第3, 4節では，集積内ネットワークの観点から，産業集積に関する独自の分析枠組みを提示する。具体的には，第3節では集積内ネットワークのメカニズム，第4節は集積内ネットワークのダイナミズムが論点となる。最後に第5節で本書の研

究方法，ならびに調査枠組みと調査の概要について述べる。

2. 産業集積論の系譜

　まず本節では，重要な既存研究のサーベイを通じて，産業集積研究の課題を明らかにする。ここで詳しく取り上げる文献は，Marshall［1890］（邦訳［1966］），Piore and Sabel［1984］（邦訳［1993］），伊丹・松島・橘川（編）［1998］，Saxenian［1994］（邦訳［1995］），および Porter［1998］（邦訳［1999］）である。

2-1．産業集積論の嚆矢：マーシャル『経済学原理』

　産業集積論の嚆矢は，マーシャルの『経済学原理』（Marshall［1890］）における産業立地に関する議論である。マーシャルは，第4編「生産要因」の中で，「ある種の財の生産規模に由来して起こる経済」（邦訳 p.248）を外部経済，内部経済の2つに分類した。前者は「産業の全般的発展に由来するもの」（邦訳 p.249）であり，後者は，「これに従事する個別企業の資源，その組織とその経営効率に由来するもの」（邦訳 p.249）である。マーシャルは，「ある特定の地区に同種の小企業が多数集積すること」を「産業立地」と呼び，その外部経済について検討している。

　マーシャルが産業集積について議論しているのは，大別すると，①産業集積の形成要因と，②集積の効果の2点である。

　まず前者に関して，第1の要因は，「気象や土壌の性質，近隣あるいは水陸の便のあるところに鉱山や採掘場があることなど」（邦訳 p.252）の自然的条件である。具体的には，ベッドフォードシャーでは，丈夫でしなやかなわらがとれるため，わら編み物の中心地となったことや，シェフィールドでは石材が砥石の材料となるため，刃物業が起こったというケースである。第2の要因は，宮廷の保護である。すなわち，「宮廷には多くの豊かな人々が集まるので，特に高級な財にたいする需要が起こり，遠くから熟練した職人が集まってき，またここで新たに訓練を受ける職人もあらわれる」（邦訳

p.252）。さらにこの要因に関連する第3の要因は，支配者による計画的な導入である。すなわち，「支配者たちが計画的に遠方から職人を呼びよせ，かれらを特定の町にかたまって住まわせる場合」（邦訳 p.253）である。例えば，「ランカシャーに機械工が栄えたのは，ウイリアム征服王の時代フーゴ・ド・ルプスによってワーリントンに定着させられたノルマンの鍛冶屋の影響による」（邦訳 p.253）ものである。

以上のようにマーシャルは，産業集積の形成要因として，単に自然的条件のみでなく，宮廷の庇護，および時々の支配者による計画的な導入という歴史上の偶発的な要因を指摘している。「世界の歴史においては宗教的・政治的ならびに経済的な経緯がたがいにからみ合っており，これらはいずれも政治的な大事件や個人の強い性格の影響をうけてその経路をかえてきている」（邦訳 p.254）という指摘は，産業集積の形成・発展の分析にとって非常に重要である。

次にマーシャルは，産業集積の効果として，次の諸点を指摘した。第1は産業集積内で伝統的技能が発展し，イノベーションが生まれることである。集積内部において，「その業種の秘訣はもはや秘訣ではなくな」（邦訳 p.255）り，一般に広く広まっていく。そして機械，生産工程，組織等の面で発明や改良が行われると，その功績は集積内部で広まり，さらに新しいアイディアへと繋がっていく。第2は補助産業の発達である。補助産業は，「道具や原材料を供給し，流通を組織化し，いろいろな点で原材料の経済をたすける」（邦訳 p.255）。第3は，高度に特化した機械の使用である。産業集積における同種の生産物の総計量が大きくなると，個別企業の資本規模がそれほど大きくなくても，高価な機械の経済的利用が達成できる。多数の近隣企業を相手に操業している補助産業には，高度に特化した機械を常に操業させていけるだけの注文を確保できるからである。第4は，産業集積が技能に対して持続的な市場を提供することである。「使用者は必要とする特殊技能をもった労働者を自由に選択できるような場所をたよりにするであろうし，職を求める労働者はかれらのもっているような技能を必要とする使用者が多数おり，たぶんよい市場が見いだせるような場所へ自然と集まってくる」（邦訳

p. 256)。

　以上のように、マーシャルは既に100年以上も前に、産業組織論的観点から、現代にも適用できる産業集積の概念枠組みを提示していた。

2-2. 産業集積と柔軟な専門化
1）ピオリとセーブル『第二の産業分水嶺』

　マーシャルが提示した産業集積の概念は、1980年代に現代的課題の中で復活した。ピオリとセーブルの画期的な業績『第二の産業分水嶺』（Piore and Sabel [1984]）である[1]。

　同書では、「今日みられる経済活動の衰退は、大量生産体制に基づく産業発展モデルの限界によってひき起こされた」（邦訳 p.4）とし、そのオルタナティブとして「クラフト生産」へ立ち戻ることが必要だと主張した。同書はクラフト生産を中心とした新しい産業発展モデルとして「柔軟な専門化」という概念を提示している。

　この柔軟な専門化には4つの形態がある（以下、邦訳 pp.338-347を参照）。それは、①独立した小企業の地域的な連合体、②ゆるやかな結びつきを持つ大企業の連合体、③中心企業とそれと安定した関係を持つ小企業、④独立した作業場からなる工場の4つである。そして、柔軟な専門化は次の4つの特徴を持つ。すなわち、①柔軟性プラス専門化、②参加制限、③競争の奨励、④競争の制限である。

　4つの形態のうち、①独立した小企業の地域的な連合体の例として挙げられたイタリア、プラトの織物業のケースを概観しておこう（以下は邦訳 pp.278-281を参照）。プラトは既に19世紀終わり頃には毛織物の代表的な産地として確立していたが、1950年代までは一貫体制の大工場を中心としていた。50年代に日本や東ヨーロッパの低コストの毛織物がプラトを脅かすようになった。この危機に対してプラトの大企業はレイオフを実施し、解雇した労働者に機械を売りつけたり、貸与したりして下請けをやらせた。こ

---

[1] 産業集積に関する広範なサーベイ論文である松原 [1999] では、Piore and Sabel [1984] を含め、80年代後半以降盛んになってきた産業集積研究を「「新しい産業集積」論」と呼んでいる。

うしたやり方は既に1930年代の大恐慌のときにも採用されたものであるが，この時期にも同様のやり方を行ったため，「すでにバラバラになっていた業界のつながりは粉々に砕け散ってしまった」(邦訳p.280)。こうしてそれまでの大企業にとってかわったのは「無数の小さな作業所のネットワーク」(邦訳p.280) である。このネットワークを融通のきく生産体制として調整する役割を担ったのが，中世の商人および近世初期の問屋制前貸人の末裔であるインパナトーレだった。彼らは原材料を買入れ，小さい作業所を組織して日常的な製品を織らせ，その製品を市場に持っていくか商人に売りつけていた。さらにデザイナーとして流行に合わせたり，流行を作り出すといった機能を担ったり，作業所に対して原料や製造工程の実験をやるように勧めたりもした。インパナトーレを中心に，小会社が一体となった連合組織によりプラトは，「技術革新，下請組織の絶えざる再編成，新製品の探求を要素とする「柔軟な専門化」を達成してきたのである。

以上の「柔軟な専門化」という概念の提示とともに，Piore and Sabel [1984] の重要な貢献として指摘できるのが，産業集積の根本にある「共同体としての一体感」を指摘したことである。例えば，ニューヨークの服飾産業では，ユダヤ人，イタリア人，中国人，ラテン・アメリカ系グループといった民族的なつながりが産業全体の団結力の基盤にあると指摘している。また，上述のイタリアのケースでは，政治信条や宗教の共通性が同じ役割を果たしている。この点に関しては後述する。

2) 伊丹・松島・橘川（編）『産業集積の本質』

Piore and Sabel [1984] が提示した「柔軟な専門化」という概念はその後の日本の産業集積研究の大きなキーワードとなった。ここでは，代表的な研究として伊丹・松島・橘川編著の『産業集積の本質：柔軟な分業・集積の条件』（伊丹・松島・橘川（編）[1998]）を取り上げる。

同書全体の結論を示した章が第10章「産業集積研究の未来」（橘川 [1998]）である。同章では，産業集積研究の理論的嚆矢として，上述のマーシャル，およびその議論を再評価したクルーグマン（Krugman [1991]，邦訳 [1994]）の議論の重要性を指摘した上で，近年の産業集積研究の活性化

の先駆的研究として Piore and Sabel［1984］を挙げている。ただし，「ピオリとセーブルによってその意味がクローズアップされながらも，彼ら自身によっては十分になされなかった産業集積の実態に関する濃密な分析は，主に社会学的アプローチに立つ他の研究者達の手で遂行されることになった」（pp.305-306）としている。ここで言う他の研究とは具体的には，後述のSaxenian［1994］等である。しかしながら，こうした社会学的アプローチに立つ諸研究は，「「差異に着目するアプローチ」を強調するあまり，「共通性に着目するアプローチ」を軽視するきらいがある」（橘川［1998］p.307）という問題点を指摘し，産業集積一般に固有な経済メカニズムを解明すべきだとした。

　以上のような問題意識から，同書は，まず「共通性に着目するアプローチ」に立ち，産業集積に固有のメカニズムを明らかにし，分析基準を明確にした上で，「差異に注目するアプローチ」によって類型別の動向分析を行ったものである。

　では，同書で導き出された産業集積固有のメカニズムとは何か。第1章（伊丹［1998］）で提示された論点は，「なぜ中小企業の集積では継続性が生まれるのか」という点である。その理由は表1-1のように要約できる。そして同書第3章（額田［1998］）は，表中の「2．分業集積群の存在」に関する議論であり，技術に関して「熟練」，分業における関係性について「場」と

表1-1　伊丹・松島・橘川（編）［1998］における産業集積固有のメカニズム

1. 需要運搬企業の存在
2. 分業集積群の存在
    (1) 柔軟性要件
        ①技術蓄積の深さ
        ②分業間調整費用の低さ
        ③創業の容易さ
    (2) 分業・集積要件
        ①分業の単位が細かい
        ②分業の集まりの規模が大きい
        ③企業の間に濃密な情報の流れと共有がある。

出所：伊丹・松島・橘川（編）［1998］，p.309の記述より作成

表1-2 集積とマーケットの連関

「集積とマーケットの連関」システム	静態的メカニズム	「現在ある需要」と「現在ある技術」の接合
	動態的メカニズム	「現在ない需要」と「現在ある技術」の接合
		「現在ある需要」と「現在ない技術」の接合
		「現在ない需要」と「現在ない技術」の接合

出所:高岡［1998］

いうキーワードで説明している。第4章（高岡［1998］）は表1-1の「1. 需要運搬企業の存在」に関して，産業集積において，集積外部と集積内部とを結びつけるリンケージ企業に注目したものである。ここでは，取引コスト理論を援用した静態的メカニズムと，集積外部の需要と内部の技術の相互作用に関して需要運搬企業としてのリンケージ企業の効果を中心とする動態的メカニズムの2つが議論の焦点となっている（表1-2を参照）。この議論は基本的には，上記Piore and Sabel［1984］がプラトのケースで指摘したインパナトーレの役割を理論的に精緻化したものと考えることができる。

伊丹・松島・橘川（編）［1998］の貢献は，いくつかのケースを加えた上で，上記Piore and Sabel［1984］が提示した「柔軟な専門化」という観点を中心とする産業集積論を理論的に精緻化し，分析枠組みを提示したことにある。

2-3. 産業集積とイノベーション

1）サクセニアン『現代の二都物語』と新しい産業集積観

サクセニアン（Saxenian［1994］）は，カリフォルニアのシリコンバレーとマサチューセッツのルート128の比較分析から，なぜ前者の産業集積が成功し，後者は衰退したのかを議論した。Saxenian［1994］がその要因として指摘するのが，集積内部における「職業ネットワークや技術ネットワークをベースにした，柔軟な産業システム」である（邦訳p.64）。まずシリコンバレーの創設者たちが似通ったバックグラウンド（ほとんどが白人の男性で，20代前半，スタンフォードかMITで学び，産業界の経験はない。地元出身

ではなく，中西部の小さな町で育ち，東海岸の保守的な制度やかたくるしいやり方に不満を抱いていた）を持っていたため，自分たちと地域のコミュニティに対して集団としてのアイデンティティを持っていた。またフェアチャイルド・セミコンダクタ社で働いた経験も半導体技術者を強く結びつける接着剤となった（以上は邦訳 pp. 64-65 を参照）。そして「家族のような関係から生まれる非公式の付き合いが，地域のメーカー同士がいたるところで協力しあい情報を交換しあうという習慣を下から支えていた」（邦訳 p.68）のである。サクセニアンの議論は，主に集積内部の人的ネットワークの違いを指摘するものであり，基本的には，Piore and Sabel ［1984］が提示した「共同体としての一体感」の議論をさらに踏み込んで分析したものと理解することができる。しかしながら，同書は，IT 産業といういわゆるハイテク産業において，中小企業を中心とした一地方の産業集積が大きな国際競争力を持っていること，特に最先端のイノベーションがこうした産業集積から生まれていることに加え，さらには産業集積内の重要なプレイヤーとして，ベンチャーキャピタル産業（邦訳 p.79-81），弁護士や市場調査会社，コンサルタント会社，PR 会社，エレクトロニクス製品販売業者など，技術産業の問題を専門に扱うサービス業者（邦訳 p. 82-83），大学（邦訳 p. 83-85）等の役割を一般的にも広く知らしめたため大きな影響力を持った。以降，ハイテク産業をはじめとする新規産業の創出やイノベーションに注目が集まり，従来とは違う産業集積観が生まれてきた。例えば清成・橋本（編）［1997］では，Saxenian［1994］を引用しながら，シリコンバレーの集積を従来の産業集積とは異なる新しい産業集積であると捉えている。

2）ポーターのクラスター論

こうした新しい産業集積観に決定的に大きな影響を与えたのが，ポーターのクラスターの議論である[2]。

クラスターとは，「特定分野における関連企業，専門性の高い供給業者，サービス提供者，関連業界に関する企業，関連機関（大学，規格団体，業界団体など）が地理的に集中し，競争しつつ同時に協力している状態」（邦

---

2 以下は Porter［1998］を引用。

訳，p.67）を言う。ポーターは，「クラスターと競争優位」の箇所で，「クラスターは大きく分けて3つの形で競争に影響を与える」（邦訳 p.86）と述べている。すなわち，「クラスターと生産性」，および「クラスターとイノベーション」，「クラスターと新規事業の形成」である。それぞれのメカニズムは表1-3のとおりである。クラスター論の貢献は，従来の産業集積論で議論されてきた柔軟な専門化という効果に加えて，イノベーションと新規事業の形成という2つの効果を産業集積の効果として明示したことにある。ただし，表1-3からも明らかなように，イノベーションや新規企業が生まれるメカニズム自体は，従来の産業集積論で議論されてきたことと大きな違いはない。特にポーターは，「クラスターが競争に及ぼす3つの大きな影響は，どれもある程度は，人間同士の付き合い，直接に顔を合わせたコミュニケーション，

表1-3 クラスターの効果とそのメカニズム

1. 生産性の向上 　①専門性の高い投入資源と従業員へのアクセス 　②情報へのアクセス 　③補完性 　④各種機関や公共財へのアクセス 　⑤インセンティブと業績測定
2. イノベーション 　①クラスターには顧客に関する知識や顧客との関係を有する企業が集中し，また関連産業に属する企業や専門情報を送り出す機関も集まっているため，新しい顧客ニーズを，より明確かつ迅速につかむことができる 　②他のクラスター参加者との継続的な関係や，現場訪問の容易さ，絶え間ない直接の付き合いなどを通じて，技術やオペレーション，製品提供といった面で新しい可能性に気づきやすくなる 　③以上のようなイノベーションの必要性やチャンスに対して迅速に行動するための柔軟性と能力が得られる。例えば，イノベーションに必要な新しい部品，サービス，機械その他の要素を迅速に調達することができる。 　④新しい製品やプロセス，サービスに関する実験を低費用で行うこともできる。
3. 新規創業 　①クラスター内部では市場機会についての情報が豊富であるから，これが参入を誘うきっかけとなる。 　②参入障壁の低さ，潜在的な地元顧客の多さ，既存の人脈，そして実際に成功した他企業の存在―こうしたすべての要因が働いて，参入リスクが低いように思わせる。

出所：Poter [1998] の記述をもとに作成

個人や団体のネットワークを通じた相互作用に依存している」(p.87) と述べており，クラスター内部のネットワークの重要性を指摘している。このことは，基本的には，上記 Piore and Sabel [1984] や Saxenian [1994] の議論とほぼ同様である。ただし，Poter [1998] ではそうしたネットワークの中身や詳細については十分な議論を行っていない。

以上のように理論的にはポーターのクラスター論は従来の産業集積論と大きな違いはないが，後の他の研究では，イノベーションの創出という側面が強調されるようになった。

例えば，山崎 [2005] では，「クラスターは，産業集積のイノベーション促進効果に注目する。量産型工場の地域的集積では，集積の利益をもたらすが，長期的な産業構造の転換や，先端的な代替財の影響を地域内で適切に緩和することができない。クラスターは産業集積の一形態ではあるが，「進化する（できる）産業集積」であると捉えることができる」(p.141) と述べ，クラスターと産業集積の違いをイノベーションに求めるという見解を示している。上述のように，日本ではクラスター論の影響を受けた産業集積の議論が盛んであり，特に政府の産業政策[3]と結びついて議論されていることが特筆できる（山崎（編）[2002]，石倉・藤田・前田・金井・山崎（編）[2003] 等を参照）。

2-4．まとめ：産業集積の現代的意義と集積内ネットワークの重要性

以上，本節では産業集積に関する主要な既存研究をサーベイしてきた。ここで既存研究における産業集積の意義，およびそのメカニズムに関する議論を要約しておこう。Marshall [1890] を嚆矢とする産業集積は，Piore and Sabel [1984] によって，現代的な課題の中で復活した。ここで指摘された産業集積の意義は，「柔軟な専門化」であり，それはすなわち，大量生産工場に対して，産業集積が，集積内部の企業の総体として，より効率的なバリューチェーンを達成しうるということであった。その後，Saxenian [1994]，Poter [1998] では，産業集積の現代的意義として，イノベーショ

3　政府のクラスター計画について詳細は，田中 [2006] を参照。

ンや新規事業の創出を明示した。これらの研究以前にも産業集積とイノベーションとの関係は指摘されてはいたが，Piore and Sabel［1984］以降の「柔軟な専門化」の議論ではどちらかといえば，既存製品，既存産業における生産や販売面での効率性という点に重点が置かれてきた。それに対して，Saxenian［1994］，Poter［1998］以降の議論では，これらの研究で取り上げられたIT，バイオテクノロジーといったいわゆるハイテク産業におけるイノベーションや新規事業の創出に注目が集まるようになった。現在の日本の産業集積に関する議論では特にその影響が大きい。では，そうした，柔軟な専門化，イノベーション，新規事業の創出といった効果を生み出す産業集積のメカニズムとはどのようなものか。以上の既存研究サーベイから明らかなことは，近年の研究の多くでは，産業集積のメカニズムとして，多かれ少なかれ，産業集積内ネットワークについて言及されているということである。典型的な研究は，シリコンバレーとルート128のパフォーマンスの違いを，集積内の職業ネットワークや社会ネットワークの違いに求めたSaxenian［1994］である。またPiore and Sabel［1984］のプラトのケースでは小さな作業所のネットワークの調整役としてのインパナトーレの重要性を指摘しており，伊丹・松島・橘川（編）［1998］もリンケージ企業（需要運搬企業）として同様の議論を展開している。さらに，Porter［1998］もクラスターが生み出す効果はネットワークによるものだと述べている。しかしながら，問題は，既存研究におけるネットワークの捉え方，力点の置き方は論者によって様々であり，また，その実態に関しても必ずしも詳細な分析が行われていないということである。そもそも少なくとも本章で取り上げた研究においては，ネットワークの定義自体も明確にされていない場合が多い。以上を踏まえて以下では，既存研究において，その重要性が指摘されつつも，断片的にしか取り上げられてこなかった集積内ネットワークの議論を総合し，さらに新たな理論的考察を加えることによって，現代産業集積分析の体系的な枠組みを構築することを試みる。

3. 集積内ネットワークのメカニズム

3-1. ネットワークとは[4]

まず本書におけるネットワークの概念を明確にしておこう。経営学の領域において,「ネットワーク」とは,主に「組織(企業)と市場との関係」という観点から議論されてきた。代表的な論者である今井賢一(今井 [1986])は,ネットワークについて「ある関係の下にある程度まで継続的に連結されている諸単位の統一体」と定義している。ただ,今井が別書(今井 [1984])で述べている通り,ネットワークという言葉は,「たんに連結の態様を抽象的に指すものである」。問題は形成されたネットワークがどのような機能を持っているかである。この点について,今井・金子 [1988] は,ネットワークを「市場と組織とを組み合わせて不確実性に対処するシステム」と捉えている。

本書では,前者をネットワークの構造に関する定義,後者をネットワークの機能に関する定義として設定し,この構造と機能の両面から集積内ネットワークのメカニズムを分析する。

3-2. 集積内ネットワークの構造の把握

産業集積内ネットワークの構造は,集積内部の諸単位をノード,それら単位間の取引関係をエッジとして捉えることで実証できる。既存研究では,フィールドワークを通じて,集積内部の特定企業を中心とした生産ネットワークの実態を明らかにし,図式化している研究が多い[5]。ただし,こうした個別のネットワークは,あくまで集積内ネットワークの一部を構成しているものでしかないと考えられる。したがって,そのネットワークがその産業集積を代表するものなのか,それとも複数のネットワークが存在しているのか

---

[4] ここでのネットワークについての考察は別稿(田中 [2006])における議論に加筆・修正を行ったものである。
[5] 例えば,伊丹ほか(編) [1998] 所収の額田 [1998] の大田区の機械加工産業集積におけるTA製作所を中心としたネットワーク,義永 [2004] の東大阪産業集積におけるA製作所のA氏を中心としたネットワークのケースなどを参照。

という点が明らかではない。さらには，複数のネットワークが存在している場合，それらの個別のネットワーク間の構造上の関係はどのようになっているのかも明らかではない。それぞれのネットワークは飛び地的に別個に存在しているのか，あるいはもっと大きなネットワークに組み込まれているのか。この点で参考となるのが，中野［2007］における計量的なネットワーク分析である。中野［2007］は，東京都大田区の産業集積を対象に，5111社の主要取引先の記名式データからネットワークの定量分析を行い，「大規模集積ネットワークを組織化・統合しているハブの集まりである強力なコアが存在すること」を指摘している。集積内ネットワークの構造を把握するためには，このようなネットワークの全体構造に対する視点が不可欠となる。

3-3. 集積内ネットワークの機能の把握
1）集積内ネットワークの機能

本書では，上記既存研究を参考として，集積内ネットワークにおける上記の「不確実性に対応する」という機能とは，以下に挙げる産業集積固有の優位性を実現することであると考える。すなわちPiore and Sabel［1984］が提示し，伊丹・松島・橘川（編）［1998］等の研究で理論的に精緻化された「柔軟な専門化（分業）」，Poter［1998］で強調されたイノベーション，および新規事業の形成である。集積内ネットワークの機能とは，ネットワークを通じて外部資源と内部資源を組み合わせ，これらの優位性を生み出すことである。

2）単位間の相互作用

集積内ネットワークの機能を把握するためには，各単位がどのような内部資源を持っているか，さらにそうした内部資源がネットワークを通じて結びつくことにより，どのような優位性を生んでいるのかというプロセスを明らかにしなければいけない。そのためには，ネットワークを通じた相互作用，すなわち単位間の取引に伴う情報共有や学習のプロセスを明確にする必要がある。

図1-1は，既存研究を参考に，産業集積内ネットワークの構成メンバーを

図1-1 集積内ネットワークのメンバー

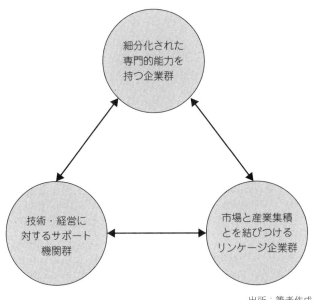

出所：筆者作成

模式化したものである。メンバーは，①細分化された専門的能力を持つ企業群，②市場と産業集積とを結びつけるリンケージ企業群，および③技術・経営に対するサポート機関群の3つに大別できる。以下，それぞれについて見ていこう。

①細分化された専門的能力を持つ企業群

伝統的な産業集積論で特に強調されてきたのが，分業によって細分化された専門的能力を持つ企業群である。彼らの持つ技術・技能が企業という組織の枠を超えて結びつくことにより，需要動向にあわせた柔軟な専門化という効果を生み出すということは上述のPiore and Sabel［1984］や伊丹ほか（編）［1998］等の既存研究で明らかとなっている。

②市場と産業集積とを結びつけるリンケージ企業群

上記の企業群だけのネットワークのみで柔軟な専門化やイノベーションといった効果を生み出すことも可能である。しかしながら，実際の市場動向

に合わせて専門的能力を組み合わせるには，やはりその活動に重点をおいたコーディネーターの必要性が指摘されてきた．それが，Piore and Sabel [1984] がプラトのケースで指摘したインパナトーレであり，これらの企業は，伊丹 [1998] における「需要搬入企業」，高岡 [1998] における「リンケージ企業」として理論的な説明が加えられてきた．本書ではリンケージ企業という用語を使用する．こうしたリンケージ企業は市場と産業集積とを結びつける役割を果たす．

③技術・経営に対するサポート機関群

Saxenian [1994] や Poter [1998] で特に強調されたのが産業集積内部における大学の役割である．特にイノベーションや新規事業の創出といった効果を集積内ネットワークが持つためには理工系の学部を中心とした大学の果たす役割は大きい．また公設試験場といった政府系機関も同様である．さらにベンチャーキャピタル，および弁護士や市場調査会社等のサービス業者は集積内での起業面，経営面をサポートする．また，例えば市役所や経産省など政府系機関が中心となったセミナーや会合などはそれ自体が目的志向的なネットワークの形成に役立つ面がある．

4. 集積内ネットワークのダイナミズム

4-1. 歴史的視点の重要性

以上，前節では，集積内ネットワークのメカニズムについて議論した上で分析枠組みを提示した．しかしながら，現在のメカニズムを明らかにしただけでは，集積内ネットワークの本質を明確にしたことにはならない．この点に関して，上記橘川 [1998] は，同じ綿織物産地であった2つの地区のうち，播州（兵庫県）は今日でも健闘しているのに対して，泉南（大阪府）が衰退に向かっているという例を挙げた上で，なぜ産業集積の発展プロセスにこうした差異が生じるのかという疑問を提示し，産業集積のダイナミズムの解明が産業集積研究の課題であると指摘した[6]．ここでは，なぜ特定の産業集

---

6 橘川 [1998]，p.312.

積のみが効果的なネットワークの効果を生み出すのかという，集積内ネットワークの発展過程やダイナミズム（動態性）について考察する。

冒頭で引用したように，マーシャルは，「世界の歴史においては宗教的・政治的ならびに経済的な経緯がたがいにからみ合っており，これらはいずれも政治的な大事件や個人の強い性格の影響をうけてその経路をかえてきている」と述べている。この点に関して，近年の社会科学では，いわゆる「経路依存性」の議論以降，歴史的考察の重要性が特に強調されている。経路依存性の議論はデービッドが1985年の論文（David [1985]）で提示したQWERTYの経済学を嚆矢としている。David [1985] が取り上げたケースはコンピュータのキーボードの配列である。現在，世界中のキーボードの配列は，上から2列目の左からQWERTYとローマ字が並ぶ配列が標準化されている。他により効率的にタイピングを行うための配列があるのもかかわらず，なぜこのQWERTYの配列が標準となっているのであろうか。David [1985] は，その理由を歴史的な偶然であると説明する。すなわち，コンピュータ以前のタイプライターの技術的制約からQWERTYの配列が決定し普及したため，その後より効率的な代替案が出ても，現在に至るまで持続したということである。経路依存性とは，経済学的には「収穫遞増が複数均衡を成立させ，その複数均衡が過去に起こったことを定着させ，技術上の歴史的な遺産を残す」ことを指し，デービッドは，QWERTYのキーボード以外の例として，「VHSビデオテープ，軽水型原子力発電所，コンピュータのDOSオペレーティングシステム」を挙げている[7]。さらにノース（North [1990]）は，北アメリカとラテン・アメリカの比較を通じて，制度の形成・発展を経路依存の観点から考察した。David [1985] が取り上げた技術，およびNorth [1990] が取り上げた制度のように現在の状況に至る形成・発展のパターンは，歴史的な偶然の積み重ねによるこれまでの経路に大きな影響を受ける。集積内ネットワークのダイナミズムを分析するに当たっては，こうした歴史的な視点が必要になる。

本書では，集積内ネットワークのダイナミズムに関して3つの分析視点を

---

[7] 佐々木 [2000] におけるポール・A・デービッドへのインタビューからの引用。

提示する。すなわち，①集積の形成要因，②ソーシャル・キャピタル，③新結合を生み出した企業家精神の3点である。

4-2. 集積内ネットワークのダイナミズム1：集積の形成要因

山崎［2005］は，産業集積の形成要因として，工業立地論の古典的な研究では，市場立地の累積，労働力立地の累積，原料供給地への立地の累積，交通結節点への立地の累積の4点が議論されてきたと指摘している。集積内ネットワークのダイナミズムという観点からの問題は，こうした立地上の優位性が歴史的にどのようにして形成されたかという点である。この点に関しては，すでにMarshall［1890］において産業集積の形成要因として，①自然的条件，②宮廷の庇護，および③時々の支配者による計画的な導入の3点が指摘されていることを上述した。①の自然的条件は別として，②宮廷の庇護，および③時々の支配者による計画的な導入については，歴史的な偶然によるものである。これらの諸点については，国内産業集積に関しても特に地場産業研究においてこれまでも議論されてきた[8]。例えば，静岡市に鏡台を中心とした地場産業が形成された歴史的要因は，「古く寛永十一年（1634年）に徳川三代将軍家光が当市賤機山麓に浅間神社を建立した際に，全国から集まった宮大工，指物師，彫刻師，漆工などの職人がその後当地に住みつき，彼らの伝統的な生産技術—指物技術，漆芸技術，彫刻技術など—をベースに，かつそれらの技術を融合して特産品の生産を始めたからである」と伝えられている（山崎［1977］，p.51）。また，関［1984］では，青梅機業の形成要因について，歴史を遡り詳細に議論している。

4-3. 集積内ネットワークのダイナミズム2：ソーシャル・キャピタル

歴史的に上述のような要因から産業集積が形成されたケースは日本国内においてかなりの数に上る。しかしながら，それだけで即効果的な集積内ネットワークの形成につながるわけではない。集積内ネットワークのダイナミズ

---

8 日本の中小企業研究における関連文献のサーベイとしては，中小企業事業団中小企業研究所［1992］における「歴史的研究」，ならびに「中小企業と地域経済・社会」の章を参照。

ムの2つ目の分析視点は、集積内ネットワークそのものの形成・発展に関わるものである。上述のように、Piore and Sabel［1984］は産業集積の根本には、民族的なつながりや政治信条や宗教の共通性に起因する「共同体としての一体感」があることを指摘した。ここでは、この点に関して、社会学や政治学の領域で発展してきたソーシャル・キャピタルの概念を援用し、ネットワークの形成・発展との関係について議論する。

ソーシャル・キャピタル[9]とは、「調整された諸活動を活発にすることによって社会の効率性を改善できる、信頼、規範、ネットワークといった社会組織の特徴」と定義される[10]。ここでは、まずイタリアにおける州政府のパフォーマンスとソーシャル・キャピタルとの関係を考察したパットナム（Putnam［1993］，邦訳［2001］）の議論を要約しておこう[11]。

Putnam［1993］は、イタリアで1970年から発足した新たな政治制度である州制度のパフォーマンスとソーシャル・キャピタルとの相関を実証的に分析した研究である。まず州制度のパフォーマンスとしては、「予算の迅速さ」、「改革立法」、「産業政策の手段」等の数値化可能な12の指標を設定し、測定している。その結果、イタリアの20州の間で、特に南北間において制度パフォーマンスに大きな格差が存在することが明らかとなる。Putnam［1993］では、この格差の要因として、スポーツ・クラブや文化団体等の数、新聞購読率、投票率等から測定した各州の「市民度」を指摘する。分析の結果、各州の市民度と州制度のパフォーマンスとの間に明らかな相関関係が見出された。そしてこの市民度の州による違いは、いわゆる「共有地の悲劇」や「囚人のジレンマ」に代表される「集合行為のジレンマ」を解消する信頼や規範、ネットワークといったソーシャル・キャピタルの違いによって生まれてくるとしている。

このようにPutnam［1993］の貢献は、社会の効率性、あるいはパフォー

---

9 英語のSocial Capitalの訳語については、文献によって異なる。「社会資本」と訳される場合もあれば、従来のインフラストラクチャー=社会資本と区別するために「社会関係資本」という訳語を使用する場合もある。このように現時点において訳語に対するコンセンサスがないため、本書ではカタカナ表記でソーシャル・キャピタルという用語を使用する。
10 Putnam［1993］，邦訳 pp.206-207.
11 以下の引用における訳語は、邦訳のものを使用している。

マンス(この場合,州制度という政治制度のパフォーマンス)に対して,その社会が持つ信頼やネットワーク等が大きく関係していることを実証し,それらをソーシャル・キャピタルとして明確に提示したことにある。ただ,ここでより重要な点として強調したいことは,同書がそうしたソーシャル・キャピタルの形成にとって,歴史が非常に重要であるということを指摘した点である。イタリアにおける南北間のソーシャル・キャピタルの違いについては以下のような経路依存性を強調している。1100年ごろ,イタリアの南部ではノルマン王国が打ち立てられる一方,北部ではコムーネを中心とする自由都市国家が発展した。その後,南イタリアではフェデリーコ2世の統治の下,封建的性格がいっそう強まり,北部イタリアでは政治権力は伝統的なエリートの手を離れ,広い範囲に拡散した。こうした中世の遺産が,イタリア国家統一後から現在に至るまでのソーシャル・キャピタルの形成に大きな影響を与えてきたのである。この点に関して,同書では,独立後の南北アメリカの経験を植民地遺産にまで遡って検討した上記 North [1990] との共通性を指摘している。

ソーシャル・キャピタルが影響を与える社会の効率性は,民主主義という政治制度に限られるものではない。Putnam [1993] は,分析の中で,市民的伝統は経済発展にも強い影響を与えることを指摘し,同じくイタリアを対象とした上記 Piore and Sable [1984] の北・中部イタリアの中小企業を中心とした産業集積について言及している。また,こうした経済上,あるいは経営上の成果としては,特に国際経営学の領域で主張されているいわゆる華人ネットワークの議論も,ソーシャル・キャピタルと関連付けることが可能であろう。ここにいう華人ネットワークとは,血縁・地縁等を中心とした人的ネットワークである。Greenhalgh [1988] によると,台湾の中小の家族企業は労働力,資金,情報などの資源を親類や友人のネットワークに依存する場合が多いことが明らかとなっている。また Skoggard [1996] における台湾の軽工業品製造企業の事例では,分業の単位として,「ワークショップ」と呼ばれる複数の内職・家内工業を組織化した業者の重要性が指摘されている。こうしたワークショップは地方の住宅地に多く設立されており,経営者

は労働者との個人的な関係を活用してワークショップを組織化しているのである。他方，こうしたネットワークは起業・独立にも大きな役割を果たす。台湾においては独立心旺盛な中小企業が多いということは一般にも認識されていることである。台湾では独立自営業者のことを「老板」と呼ぶが，沼崎［1996］はそうした老板が多い要因として，漢民族社会が伝統的に有している人間関係ネットワークを指摘している。漢民族の社会では，「家」を中心とした伝統的な家族制度に基づく血縁関係だけでなく，地縁や学縁，業縁などが「蜘蛛の巣状」に広がっており，情報や資金といった資源の交換や共同利用が行われている。

　第3節において，現在の産業集積のメカニズムを分析するための集積内ネットワークの効果と，連結の態様を抽象的に指すネットワークの存在そのものとを区別した。産業集積内ネットワークは効率的になるか否かは，その背後にこうしたソーシャル・キャピタルが存在するか否かに大きく左右されるものと考えられる。また，近年の産業集積研究では，集積内部での起業連鎖が注目されている（福嶋［2005］，稲垣［2005］など）が，この点に関しても上記台湾のケースのようにソーシャル・キャピタルとの関連が分析される必要があるであろう。従来の日本の産業集積分析では，こうした議論は十分には行われてこなかった。Piore and Sable［1984］が指摘した民族的なつながりや政治信条や宗教の共通性，および華人ネットワーク論が指摘した血縁・地縁といった関係を中心としたソーシャル・キャピタルは日本の産業集積内に存在しているであろうか。もし存在しているとすれば，それはどのような歴史的プロセスを通じて形成されてきたのかを明らかにする必要がある。

4-4．集積内ネットワークのダイナミズム3：新結合を生み出した企業家精神

　以上，効果的な集積内ネットワークの形成にとって，ソーシャル・キャピタルの存在が重要であることを指摘した。しかしながら，集積内部にこうしたソーシャル・キャピタルが存在しているだけの状態と，集積内部でそれを活用・発展させ，柔軟な専門化，イノベーション，新規事業の創出といった

効果を継続的に生み出すネットワークが機能している状態との間には大きな違いがある。この点に関して，集積内ネットワークのダイナミズムの3つ目の分析視点として，シュンペーター的な意味においての「革新的」な企業家精神の存在を指摘したい。つまりネットワーカーとしての企業家の存在である。

シュンペーターは，企業家（アントレプレナー）とはイノベーション（革新）の担い手であると述べた（Schumpeter［1961］，邦訳［1977］）。現在，イノベーションとは，一般的に技術革新を意味する場合が多いが，Schumpeter［1961］におけるイノベーションとは，表1-4に示した「新結合」を遂行することであり，技術革新のみならずより広い意味での革新を指している。集積内ネットワークのダイナミズムに関しては，この新結合として，既存製品をソーシャル・キャピタルに基づく集積内ネットワークを活用して生産・販売する，あるいは集積内ネットワークに新しい製品を持ち込むといった個々の企業家精神の発揚とその成果が大きな影響を与えていると考えられる。こうした企業家精神，特に企業家としての能力・資質に関しては，これまでさまざまな角度から研究されてきている。例えばシュンペーター自身は，企業家の動機として，①私的王朝を建設しようとする意思と思想，②闘争意欲と勝利者意識，および③新しいものを創造することの喜びの3点を

表1-4　シュンペーターの新結合

1. 新しい製品の生産
   消費者の間でまだ知られていない製品や，新しい品質の製品の生産
2. 新しい生産方法
   当該産業部門において未知の生産方法の導入。科学的に新しい発見に基づく必要はない。
3. 新しい販路の開拓
   当該産業部門が従来参加していなかった市場の開拓。ただしこの市場が既存のものであるかどうかは問わない。
4. 原料，あるいは半製品の新しい供給源の獲得
   この場合においても，この供給源が既存のものであるか，単に見逃されていたのか，その獲得が不可能とみなされていたのかを問わず，あるいは初めて作り出さねばならないかを問わない。
5. 新しい組織の実現
   独占的地位（例えばトラスト化など）の形成，あるいは独占の打破

出所：Schumpeter［1961］より作成

指摘している。また大河内 [1979] は，企業家は自分の知覚，認識，あるいは直感などを集結させて経営行為の型を構想するとし，こうした構想に関わる企業家の能力を「経営構想力」と呼んだ。さらにオルドリッチ（Aldrich [1999]，邦訳 [2007]）は新規組織の発生の議論の中で，企業家が持つ社会ネットワークの紐帯の多様性，およびその強さの影響を指摘している。いずれにせよ，産業集積内で，こうした企業家の個々の資質に基づいた企業家精神の発揮は，歴史的に見ると，偶発的な出来事であり，この出来事がデモンストレーション効果を生み出し，産業内ネットワークの形成・発展に大きな影響を与えると考えることができるのである。

5. 実証研究の方法とインタビュー調査の概要

以上，本章では，産業集積に関する既存研究を整理した上で，集積内ネットワークという観点から，現代産業集積に対する独自の分析枠組みを提示することを試みた。まず第2節では，既存研究サーベイの結果，現代産業集積分析の根幹が集積内ネットワーク分析にあり，これまで断片的に議論されてきた集積内ネットワークの議論を体系化する必要性を指摘した。以上を踏まえ，第3節，第4節では，集積内ネットワークについて，それぞれメカニズム，ダイナミズムという2つの側面からの分析枠組みを設定した。分析枠組みは，表1-5のように要約できる。以上の2つの分析枠組みに基づき，本書では，序章で述べた3つの繊維・アパレル産業集積を対象として，優位性維

表1-5　本書の分析枠組み

メカニズム	ダイナミズム
①ネットワークの構造 　集積内部の各単位をノード，取引関係をエッジとするネットワーク図として把握	3つの視点から集積内ネットワークの形成・発展プロセスを分析
	①集積の形成要因
②ネットワークの機能 　集積内部の諸単位間の相互作用に基づく優位性の実現として把握	②ソーシャル・キャピタル
	③企業家精神

出所：筆者作成

持の要因に関する実証研究を展開していく。

　既述したが，本書の実証研究のスタイルは，インタビュー調査に基づく定性的分析を中心としている。調査対象企業等のインタビュー調査の詳細は各章で提示しているが，本研究では，2007年8月から2013年2月までの間に，岡山ジーンズ産業集積における15社，2団体，岐阜アパレル産業集積における13社，今治タオル産業集積における13社，1団体と合計41社3団体に渡る広範なインタビュー調査を行った。各企業とも社長をはじめとする全社的な取引・業務内容を把握している重役クラスを対象に平均約2時間程度インタビューを行った。

　調査手法としては，いわゆる半構造化インタビューと呼ばれる手法である。事前に対象企業に提示した質問項目は表1-6のように要約できる。

　まず上記の集積内ネットワークのメカニズムに関しては，各企業に対して，集積内ネットワークにおける自社の役割，および取引関係について質問した。また業界団体3団体でもネットワークにおける役割を質問した。また特に集積内ネットワークの頂点である最終製品の生産・販売企業に対しては，各産業集積において表1-7のような調査票を作成し，ネットワークの定量的な把握を行った。例えば，今治タオル産業集積については，事前にタオルの生産工程について調査した上で，染色工程や縫製工程等それぞれの工程で取引先企業数と企業名を質問した。

　次にネットワークのダイナミズムについては，各企業に対して，取引先と

表1-6　主要質問事項

- メカニズムに関して
  1. 自社の優位性
  2. 現在の生産・販売体制
  3. 企業間ネットワークの現状
  4. 企業間ネットワークにおける自社の役割
  5. 市場ニーズの把握と製品開発
- ダイナミズムに関して
  6. 創業の経緯
  7. 自社の歴史的発展過程
  8. 取引先との取引開始の経緯

出所：筆者作成

表1-7　集積内ネットワークの計量的把握に関する質問票（今治タオル産業集積の例）

	内容	企業数	主要企業名
紡績工程	紡績メーカー or 商社	社	
	撚糸	社	
染色工程	かせ糸	社	
	漂白	社	
	染色	社	
	糊付け	社	
整経	整経	社	
製織	製織（自社以外の外注）	社	
捺染・シャーリング等	捺染	社	
	シャーリング	社	
	糊抜き	社	
	染色整理	社	
縫製	縫製	社	
仕上げ・二次加工	ヘム縫い	社	
	刺繍	社	
	二次加工	社	
合計		社	

出所：筆者作成

の取引開始の経緯や血縁等の関係の有無などソーシャル・キャピタルに関わる事項，および創業の経緯や自社の歴史等の企業家精神に関わる事項を質問した。また，ネットワークのダイナミズムの分析に関しては，以上のインタビュー調査結果とともに，各産業集積における郷土史・業界史等の史料を二次資料として活用する。

岡山ジーンズ産業集積内ネットワーク

第2章
メカニズム

1. はじめに

　本章では，第1章で設定した分析枠組みに基づき，岡山県倉敷市児島地区を中心としたジーンズ産業集積を対象として，集積内ネットワークが競争優位性を生み出すメカニズムを実証していく。序章でも述べたように，本章が取り上げる岡山ジーンズ産業集積は，生産工程の海外移転が顕著な我が国の繊維・アパレル産業にあって，国内の一地域に一連のバリューチェーンを残している重要なケースである。同地域で生産されるジーンズは国内で大きなシェアを占めるのみならず，海外ブランドからの注文も多いなど大きな競争力を有している。

　本章の構成は以下の通りである。まず第2節では，調査の概要について述べる。続く第3節は，調査結果に基づく分析である。ここでは，筆者が行ったインタビュー調査結果に基づき，構造と機能の両面から集積内ネットワークのメカニズムについて分析する。最後に第4節で本章の議論を要約する。

2. 調査の概要

　岡山所在のジーンズ関連企業については，業界誌をはじめとする資料に一定の企業情報が掲載されている[1]。本研究では，それらの情報を基に調査企業

1　本研究が調査対象企業の選定に使用した資料は，『ヒストリー日本のジーンズ』（日本繊維新聞社，2006），『ジーンズリーダー』各年版（繊維流通研究会，2004, 2005, 2006, 2007），『ジーンズ白書』各年版（矢野経済研究所，1989, 1990, 1991, 1992, 1993, 1994, 1995, 1996, 1997, 1998, 1999, 2000, 2001），『ジーンズカジュアル白書』各年版（矢野経済研究所，2002, 2003, 2004, 2005, 2006, 2007）である。

第2章　メカニズム

表 2-1　調査の概要

	企業名・団体名	業務内容	調査日	インタビュイーの役職
自社ブランド企業	株式会社ドミンゴ	ジーンズ・カジュアルウェアの企画・生産・販売	2007年8月20日	企画室室長
	株式会社バイソン	ジーンズ・カジュアルウェアの企画・生産・販売	2007年8月21日	①代表取締役社長 ②営業部長
	株式会社ジョンブル	ジーンズ・カジュアルウェアの企画・生産・販売	2007年8月22日	代表取締役社長
	株式会社ビッグジョン	ジーンズ・カジュアルウェアの企画・生産・販売	2007年8月23日	商品部副部長
	株式会社スタジオ・エクリュ	ジーンズ・カジュアルウェアの企画・販売	2007年8月24日	代表取締役
	株式会社マエノ	ジーンズ・カジュアルウェアの企画・生産・販売	2007年8月25日	営業企画部長
	株式会社ボブソン	ジーンズ・カジュアルウェアの企画・生産・販売	2007年8月28日	①常勤監査役 ②生産部長
	株式会社ベティスミス	ジーンズ・カジュアルウェアの企画・生産・販売	2007年8月29日	取締役／開発部部長
	有限会社キャピタル	ジーンズ・カジュアルウェアの企画・生産・販売	2008年3月11日	代表取締役
	有限会社ダニアジャパン	ジーンズ・カジュアルウェアの企画・販売	2008年3月12日	代表取締役
	有限会社スペシャル	ジーンズ・カジュアルウェアの企画・販売	2008年3月14日	代表取締役
専門企業	株式会社コレクト	テキスタイル卸	2008年3月11日	テキスタイル事業部生産課長
	C社	縫製・OEM	2008年3月15日	代表取締役
	豊和株式会社	洗い加工	2008年3月17日	①代表取締役 ②玉野工場サブディレクター
	T社	テキスタイル卸	2008年3月18日	常務取締役
その他	岡山県アパレル工業組合		2007年8月24日	専務理事
	日本ジーンズ協議会		2007年8月24日	専務理事

注：役職はインタビュー当時のものである。インタビュイーが複数の場合は①②と表記した。また企業名については掲載の許可を得た企業のみ記載し，それ以外は記号で表記している。

出所：筆者作成

を選定し，児島地区を中心としたジーンズ自社ブランド企業[2] 11社，および専門企業4社，業界団体2団体でインタビュー調査を行った。自社ブランド企業11社については，岡山を代表する自社ブランド企業がほとんど含まれている。このように自社ブランド企業を調査対象の中心としたのは，生産ネットワークの頂点である自社ブランド企業で広範な調査を行い，取引先のデータを収集することによって，前章で述べた集積内ネットワークの全体構造を把握できると考えたためである。調査は2007年8月の1次調査，2008年3月の2次調査と2段階に分けて行った。まず1次調査では，自社ブランド企業8社を対象として，集積内ネットワークにおける自社の役割，および取引関係について質問した。また業界団体2団体でもネットワークにおける役割を質問した。次に2次調査では，1次調査で得た情報をもとにさらに新たに3社の自社ブランド企業で同様のインタビューを行うとともに，1次調査で明らかになった取引先の専門企業のうち，代表的な4社の専門企業で，それぞれの専門企業の能力，および取引関係について質問した。

　表2-1はインタビュー調査の概要を示したものである。上記のように自社ブランド企業は合計11社である。また専門企業はテキスタイル卸2社，洗い加工1社，縫製・OEM1社の合計4社である。インタビューは調査対象企業の半分以上の8社が社長であり，それ以外の各社についても全社的な取引・業務内容を把握している重役クラスである。

3. 集積内ネットワークのメカニズム—その構造と機能

3-1. ネットワークの構造

　まず第1に，11社の自社ブランド企業でのインタビュー調査で得られた取引先のデータから集積内ネットワークの構造について分析していこう。

---

[2] ここにいう自社ブランド企業とは，最終製品であるジーンズを生産・販売している企業のことである。多くの企業は生産機能を持つメーカーであるが，自社に生産機能がなく，企画・販売に特化している企業もあるため，本書では，ジーンズ・メーカーではなく，自社ブランド企業と呼ぶ。

1) 自社ブランド企業のプロフィールと分類

　本研究が対象としたジーンズ自社ブランド企業は，一般的にはジーンズ・メーカーと称される企業である。しかしながら，実際には業務内容は企業によってさまざまであり，メーカーとしての機能を有していない企業もある。ここでは，まずジーンズの生産工程について説明した上で，各自社ブランド企業の概要について述べる。

　①ジーンズの生産工程

　ジーンズの生産工程は，デニム生地の生産工程とジーンズの生産工程に大別できる（図2-1参照）。まず前者では，デニム糸を紡績し，インディゴで染色した上でデニム生地を織る。次に後者では，ジーンズ製品に裁断・縫製した上で，リベットやジッパーなどの付属品を取り付け，最終工程で洗い加工を行う。ここで洗い加工について説明しておく必要があるだろう。ジーンズの場合，新品として店頭に並ぶ製品の多くが，はき心地や風合いのために工程の中で洗濯された上で出荷されている。特に近年では，古着のようにはき古した風合いを表現する中古加工（ヴィンテージ加工）を施す場合が多く，リアルな中古感は製品の差別化にとって重要な要素となっている。

　以上の工程のうち，通常，ジーンズ自社ブランド企業はデニム生地の生産は行っておらず，テキスタイルメーカーやテキスタイル卸から生地を購入する。またステッチや革パッチ，リベット等の付属品に関しても内製はほとんどなく，すべて購入である。したがって，自社ブランド企業のメーカーとしての機能は，縫製と洗い加工の2つである。大手企業の場合は，両方の工程を自社で行うが，中堅規模の企業の場合は，洗い加工は外注に回し，縫製だけを自社で行う場合が多い。その際，すべての縫製を自社で行うことはなく，大部分は外注に回す。最後に，規模の小さな企業の場合は，以上の工程をすべて外注に依頼し，製品企画のみを行う企業が多い。

　②自社ブランド企業11社のプロフィールと分類

　表2-2は，調査対象の自社ブランド企業11社の概要を示したものである。表2-2のデータから，今回インタビュー調査を行った自社ブランド企業11社を3つのグループに分類することができる。第1のグループは，企業の歴

図 2-1　ジーンズの生産工程

出所：筆者作成

史が比較的長く，また会社規模が比較的大きいビッグジョン，ボブソン，ベティスミス[3]からなるグループである。これらの会社は，日本のジーンズ・メーカーの中でも先駆的なメーカーであり，主にマスマーケット向けのジーンズを大量生産している企業である。このグループの企業は自社工場を持ち，縫製と洗い加工の自社生産比率が高いこと，また海外生産比率も高いことが大きな特徴である[4]。このグループは大手 NB（ナショナル・ブランド）グループと名づける。

第 2 のグループは，上記大手 NB グループと比較して，本格的なジーンズ市場への参入が後発であり，企業規模が中間にあるドミンゴ，ジョンブル，マエノ，キャピタルからなるグループである。これらの企業はもともと児島地区を中心に学生服，作業服，カジュアルウェアのアパレルメーカーとしての歴史を持つ企業が多く[5]，現在でもジーンズを中心としながらも，総合カジュアルブランドを展開している。その際，1 本 1 万 2000 円程度から 2 万円以上の高額ジーンズを扱っている点が大きな特徴である。また，すべての企業が縫製を中心にメーカーとしての機能を持っている[6]。またこのグループの企業は，ジーンズに関しては全ての企業が国内生産をしており，海外生産

---

[3] 以下，紙幅の都合上「株式会社」等を省略して表記する。
[4] ただし，ベティスミスに関しては，ジーンズの洗い加工は外注である。
[5] ただし，キャピタルはこの限りではない。同社は，株式会社ジョンブルからのスピンアウトにより 1983 年に創業された企業である。
[6] ただし，マエノはジーンズの生産に関しては全て外注である。

第 2 章　メカニズム

表 2-2　自社ブランド企業の概要

分類	企業名	創業年	設立年	売上高（円）	資本金（円）	従業員数	ジーンズ比率	海外生産比率	ジーンズ生産・販売の特徴	主要価格帯（円）
大手グループ	株式会社ビッグジョン	1940年	1960年	非公開	45,000,000	450	95%	70%	生地、付属品以外の縫製・洗い加工は基本的に全て自社。一部の加工を他企業に外注	―
大手グループ	株式会社ボブソン	―	1950年	非公開	761,000,000	273	50%	70～75%	生地、付属品以外の縫製・洗い加工は全て自社。ジーンズ1本当たりの総コストに占める自社生産比率は約60%	4,000円台
NBグループ	株式会社ベティスミス	1927年	1962年	2,700,000,000 2007年6月	80,000,000	50	40～50%	30～40%	デニム生地、付属品、洗い加工は他社。縫製の一部を自社。	8,900
中堅グループ	株式会社ドミンゴ	1946年	1961年	約2,000,000,000 2007年3月	20,000,000	147	80%	0%	縫製の一部を自社。ジーンズ1本当たりの総コストに占める自社生産比率は約30～35%	12,000-14,000
中堅グループ	株式会社ジョンブル	1952年	1963年	2,980,000,000 2007年6月	15,000,000	161	5%	0%	縫製の一部を自社。ジーンズ1本当たりの総コストに占める自社生産比率は約30%	15,000-18,000
中堅グループ	株式会社マエノ	1948年	1962年	1,150,000,000 2007年5月	10,000,000	39	50%	0%	ジーンズに限ってはほぼ外注100%	19,800
中堅グループ	有限会社キャピタル	1983年	1985年	約1,350,000,000 2007年	5,000,000	130	20%	0%	生地、付属品以外の工程で4割から6割が自社	20,000
新規参入グループ	株式会社スタジオ・ダルチザン	―	1995年	約300,000,000 2006年と2007年の平均	10,000,000	8	70%	0%	外注100%	14,800
新規参入グループ	株式会社パイソン	1948年	1994年	非公開	30,000,000	18	100%	100%	外注100%	4,900-5,900
新規参入グループ	有限会社ダニアジャパン	2000年	2000年	約100,000,000 2007年	6,000,000	3	80～90%	0%	外注100%	30,000
新規参入グループ	有限会社スペシャル	2001年	2001年	990,000,000 2007年	5,000,000	8	80%	90%	外注100%	11,800-13,800

注：①売上高の列は上段が金額、下段が決算時期を指す。②ジーンズ比率とは、金額ベースで見た全売上高ベースで占めるジーンズの比率を指す。③海外生産比率は金額ベースの構成比である。④パイソンの設立年は新興産業の子会社としてスタートした年を指す。

出所：インタビューをもとに筆者作成

は皆無である。ここでは中堅カジュアルグループと名づける。

　最後の第3グループは，企業の歴史が比較的短く，企業規模も比較的小さいスタジオ・エクリュ，バイソン，ダニアジャパン，スペシャルからなるグループである。これらの企業は自社ブランド企業といっても，自社にメーカー機能は持たずに企画・販売を中心としている点が共通している。またバイソンを除いて，高額ジーンズを扱っている点が特徴である。生産に関しては，ほぼすべて海外生産に依存しているバイソン，スペシャルと，国内生産のスタジオ・エクリュとダニアジャパンとで二極化している。ここでは，これらの企業を新規参入グループと名づける。

　以上から，現時点で，生産の面における国内産業集積への貢献が大きいのは，中堅カジュアルグループの企業群すべてと新規参入グループの一部の企業ということができる。これらの企業が扱っているのは全て高額ジーンズである。

2）集積内ネットワークの構造とその特徴：部分ネットワークと全体ネットワーク

　以上を踏まえ，岡山のジーンズ産業集積における集積内ネットワークの構造について述べていく[7]。図2-2は調査対象企業のひとつであるドミンゴの分業ネットワークの概念図である。このように，今回のインタビューでは，各自社ブランド企業それぞれについて，どのような分業体制を構築しているか，取引先企業が何社あるかを明らかにした。表2-3はそれぞれの自社ブランド企業の分業ネットワークをまとめたものである。表2-3からは，多くの企業がそれぞれ専門企業との間で分業の取引関係を構築していることがわかる。まず購入品に関しては，付属品と呼ばれるステッチ，リベット，皮パッチ等は1～2社に取引先を集約している企業が多いが，デニム生地については，5社以上の複数の取引先と取引をしている企業が多い。ただし，主要取引先としては2～3社程度に限定している自社ブランド企業が多い。次に外注加工について，まず縫製・裁断では，まったく外注を行っていない2社を除くと，複数の取引先と取引をしている企業が多く，特に中堅カジュアルグ

---

[7] 今回の調査では，サポート機関については有効な効果が確認できなかったため，以下の分析では省略する。

第2章　メカニズム

図2-2　ドミンゴの分業ネットワーク

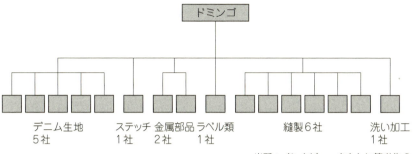

出所：インタビューをもとに筆者作成

ループで6社以上の専門企業との取引がある自社ブランド企業が3社あることが注目できる。ただし、縫製・裁断企業の場合、主に生産量の調整のためにスポット的な関係が多いため、取引企業数が多くなっている。洗い加工に関しては、取引先を1～2社に集約している企業と、4社以上の複数の取引先と取引をしている企業とに2極化している。以上の取引関係について、インタビューによると、各自社ブランド企業ともに、一部の取引先については主に生産量の調整のためにスポット的な関係もあるが、概ね取引先との関係は長期的、かつ固定的なものであるとのことであった。

　それでは、こうした各企業個別の取引関係は、産業集積全体としては、どのようなネットワークを形成しているであろうか。図2-3は、インタビューで得た取引先の企業名の情報をもとに作成した自社ブランド企業を中心とする企業間の生産ネットワークの全体構造である。ただし、どの企業がどこの生地を使用しているか、どこの洗い加工企業で洗い加工を行っているかという情報は業界内での競争にとって重要になるため、取引先が特定できないように企業名は記号で表記している。また、取引先に関して、企業秘密として企業名が不明のものを省略しているために、完全に実態を反映しているとは言い切れない。具体的には、まずステッチ、リベット・ジッパー、革パッチ等については、ほとんどの企業から取引先名を明らかにすることができたので、ネットワークの実態をほぼ正確に反映している。次にデニム生地と洗い加工に関しても一部の企業の取引先は企業秘密として不明であったが、それ

表 2-3 取引企業数一覧

企業名	購入品				外注加工	
	デニム生地	ステッチの糸	リベット・ジッパー・ボタン等の金属部品	皮パッチ・布パッチ・ラベル・ネーム・プライスカード	裁断・縫製	洗い加工(クラッシュ・ダメージ加工を含む)
ビッグジョン	3	2	1	5	3	4
ボブソン	7	3	4	10	2〜4	数社
ベティスミス	5	1	2	2	4	6
ドミンゴ	5	1	2	1	6	1
ジョンブル	5〜6	2	4	2	6	2
マエノ	10	1	1	1	6	2
キャピタル	1	1	2	1	0	1
スタジオ・エクリュ	4	1	2	3〜4	5	4
バイソン	3		1		0	1
ダニアジャパン	2	0	2	4	4	6
スペシャル	10	1	2	3	3	1

出所：インタビューをもとに筆者作成

らを除けば，ほぼ実態を反映しているといえる。最後に裁断・縫製に関しては，企業秘密として取引先名が不明の企業が多く，実態が反映されていない。

図 2-3 から明らかなように，岡山のジーンズ集積の中では，複数の企業，取引先が交錯し合う広範な分業ネットワークが形成されている。ここで特に注目すべき点は，各自社ブランド企業が取引をしている専門企業が重複していることによって，各自社ブランド企業の分業ネットワークは飛び地として存在するのではなく，集積全体の中でネットワークが形成されているという点である。最終製品の差別化にさほど大きな影響を与えないようなリベットやジッパーなどの付属品は数社の専門企業に集約され，多くの自社ブランド企業と取引しているという傾向が見られる。例えば，リベット・ジッパーを

第2章 メカニズム

図2-3 自社ブランド企業を中心とした企業間の生産ネットワーク

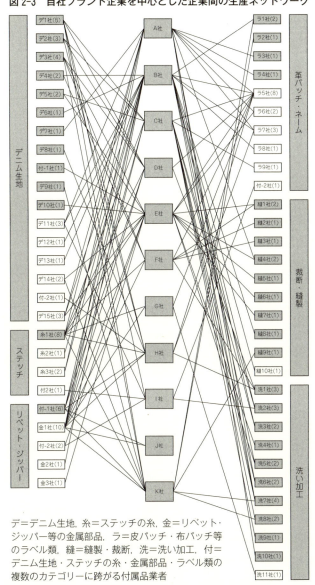

デ＝デニム生地，糸＝ステッチの糸，金＝リベット・ジッパー等の金属部品，ラ＝皮パッチ・布パッチ等のラベル類，縫＝縫製・裁断，洗＝洗い加工，付＝デニム生地・ステッチの糸・金属部品・ラベル類の複数のカテゴリーに跨がる付属品業者

注：（　）内の数字は取引企業数を指す。また，網掛けの企業は三備地区に本社のある地元企業，および網掛けのない企業は三備地区以外に本社がある企業を指している。

出所：筆者作成

扱う金1社（県外メーカーの出先機関）や付1社（現地卸業），皮パッチを扱うラ5社（県外メーカーの出先機関），ステッチを扱う糸1社（現地卸業）等の企業は，過半数の自社ブランド企業と取引がある。それに対して，最終製品の差別化にとって重要なデニム生地，洗い加工に関しては，多くの専門業者が存在しており，取引関係はより複雑になっているが，ここでも取引先は重複している。例えば，洗い加工の場合，2社以上と取引のある専門業者が7社，デニム生地の場合は8社と多い。ここで特に注目すべきは，自社ブランド企業と洗い加工専門企業との取引である。洗い加工に関しては，自社ブランド企業側からすれば，D社，F社，H社の洗1社，およびI社の洗2社のように取引先を1社に限定しているが，専門企業の方からすれば，特定の自社ブランドに取引先を特化しているわけではないということができる。

　以上のネットワークの構造に関する分析結果を要約しておこう。岡山ジーンズ産業集積内ネットワークは，全体としては広範かつ複雑な取引関係のネットワークを形成しながらも，それは各自社ブランド企業を中心とした比較的強い関係を持つより有機的な複数の個別ネットワークから構成されている。本書では，前者を全体ネットワーク，後者を部分ネットワークと呼ぶことにする。次に，こうした構造を持つ集積内ネットワークの機能について分析する。

3-2. ネットワークの機能

　第1章において，集積内ネットワークにおける不確実性の対処として，柔軟な専門化，イノベーション，および新規事業の形成の3つの優位性の実現を挙げた。あらかじめ結論を述べておくと，岡山ジーンズ産業集積におけるネットワークの機能とは，このうち，柔軟な専門化という優位性を実現していることにある。ここでは，当該ネットワーク内の主要単位であるリンケージ企業としての自社ブランド企業，および専門企業の役割・能力について述べた上で，ネットワークを通じて柔軟な専門化という優位性を生み出すプロセスについて述べる。

1) **各単位の役割・能力**

①リンケージ企業としての自社ブランド企業

　自社ブランド企業は，それ自体，製品開発の側面では専門能力企業と言えるが，集積におけるその最も大きな役割は，リンケージ企業としてのそれである。これらの企業は，市場と産業集積と結びつける，および集積内部の専門企業同士を結びつけ部分ネットワークを形成する，という2つの側面でリンケージ企業の役割を果たしている。ただし，上で述べた自社ブランド企業のグループのうち，大手NBグループについては，現時点においてそうした役割は限定的なものである。表2-2で示したように，これらの企業の生産は実質的には中国をはじめとする海外で行われており，集積内部でのリンケージは希薄である。リンケージ企業として大きな役割を果たしているのは，中堅カジュアルグループのすべての企業と，新規参入グループの一部の企業群である。

　これらの企業群が販売しているジーンズは，平均価格が1万2000～2万円以上のものであり，ジーンズの価格としては高額なものである。日本繊維新聞社［2006］における推計では，こうした高額ジーンズの市場は，2006年における日本のジーンズ市場全体の3％である。この市場セグメントにおいては，デザインはもちろんのこと，インディゴの発色や洗濯後の色落ち具合を含むデニム生地の質感，中古加工をはじめとする加工の風合い等，通常の大量生産では困難なファッション性上の高度な「品質」が要求される。その際，これらの企業の大きな特徴は，彼らが最終市場に密接にリンクしているということである。たとえばキャピタルやジョンブルなどの企業は東京，大阪をはじめとする大都市を中心に直営店を持っており，高級・最先端のブランドイメージを確立している。また直営店を持たない企業であっても，営業所の活動を通じて，大都市圏の大手セレクトショップや全国の小規模セレクトショップに直接製品を販売している。例えば，ダニアジャパンは，大手セレクトショップのビームスに自社ブランド製品を納入していた経験を持っている。さらに多くの企業が販売や展示会への出展等を通じて海外市場にもリンクしている。これらの企業はこうした大都市圏の直営店や全国セレクト

ショップへの販売，海外展示会等で自ら情報収集，マーケティングを行った上で，市場動向に合わせた製品開発を行い，集積内部の専門企業の専門能力を活用することにより，高額ジーンズを生産しているのである。序章で述べたように，岡本［1997］は，日本の産業集積は，大企業メーカーの部品供給を中心に産業集積が形成されてきたこと，および繊維，家具，陶器といった伝統的な産業集積も複雑な流通経路に飲み込まれてしまっていることから，最終製品市場から分断されてしまっていることが問題であると指摘しているが，岡山ジーンズ産業集積の場合は，こうした集積内の地元の中堅自社ブランド企業を媒介として最終市場と産業集積とが直にリンクしているといえる。

②専門能力の実態：洗い加工メーカー豊和のケース

では，自社ブランド企業の生産を支える専門企業の能力とはどのようなものであろうか。ここでは専門企業の能力のケースのひとつとして，洗い加工メーカー豊和のそれについて述べる。

図2-4は同社でのインタビューをもとに作成した洗い加工の工程図である。工程は，前工程，洗い工程，後工程，仕上げ工程の4つに分類できる。このうち，洗い工程のみ，大形の機械設備による装置産業的な特徴を持ち，残りの3つの工程は手作業を中心とした工程である。第1の工程である前工程は，

図2-4　洗い加工の工程：豊和の例

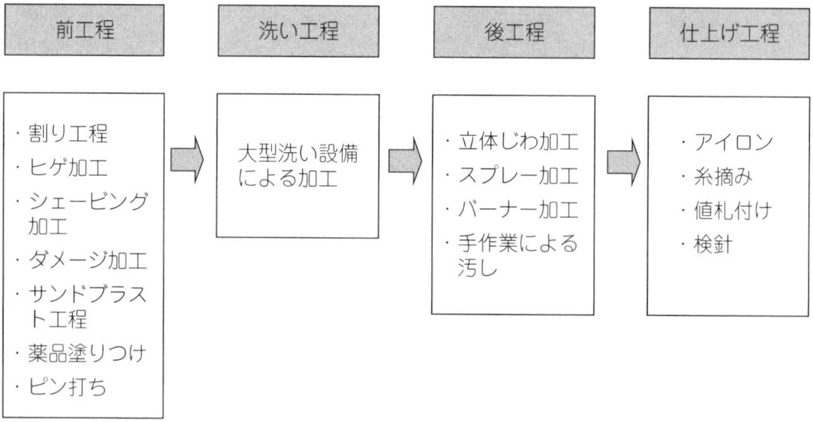

前工程	洗い工程	後工程	仕上げ工程
・割り工程 ・ヒゲ加工 ・シェービング加工 ・ダメージ加工 ・サンドブラスト工程 ・薬品塗りつけ ・ピン打ち	大型洗い設備による加工	・立体じわ加工 ・スプレー加工 ・バーナー加工 ・手作業による汚し	・アイロン ・糸摘み ・値札付け ・検針

出所：インタビューにより筆者作成

下処理を行う工程であるが，仕上がりを左右する重要な工程である。まず納入されたジーンズに「割り」と呼ばれる作業を施す。これはジーンズの内側の縫い代部分（セルビッチ）を左右に開いてアイロンをかける工程である。これによって，洗い加工を施した後に「あたり」と呼ばれる風合いが生まれる。次に，ヒゲ加工，シェービング加工，サンドブラスト加工等の手作業でジーンズの特定箇所を色落ちさせる工程が続く。「ヒゲ」とはジーンズの股間部分の皺に沿って色が落ちた状態のことを言い，髭のように見えることからこう呼ばれている。ヒゲ加工工程では，「ヒゲ台」と呼ばれる皺の形状を造形した立体の型をジーンズの内側に入れて，作業者が表面からやすりをかけていく。これでジーンズをはき続けてできた皺によって色落ちした風合いを表現することができる。次にシェービング加工とサンドブラスト工程は，ジーンズの太腿や膝部分の色落ちを表現する工程である。シェービング工程では作業者が1つひとつのジーンズに広範囲にヤスリをかける。サンドブラスト加工では，風圧で砂を吹き付けて色を落とす。こうして前工程で特定箇所の下処理を行った製品を，次の洗い工程で全体的に色を落とす。ここでは，さまざまな薬品を配合して，大型の洗濯・乾燥設備で製品に洗い加工を施す。工場内の洗い加工ラインはすべてオートメーション化されている。洗い工程で全体的に色を落とした製品は，さらにリアリティを表現するために後処理を加える後工程に回される。ここでは，特殊なプレス機を使って，立体的な皺をつけたり，特殊染料をスプレーで吹き付けたり，バーナーで製品を炙るなどの加工を施して，中古感を表現する。最後に仕上げ工程で，アイロンがけ，値札付け，そして検針を行った上で製品が出荷される。

　以上の工程のうち，前工程，および後工程におけるさまざまな手作業工程にかかわる作業者の技能や工具の工夫，洗い工程における薬品の配合などに同社独自のノウハウが蓄積されている。さらに同社は設備機械に関しても独自の技術力を有している。洗い工程の機械設備は，設備メーカーとの話し合いを通じたカスタマイズ設備である。また同社にはエンジニアリング部門があり，立体じわ用のプレス機等の設備は内製している。さらに，上記の「ヒゲ台」は，母型を手作業で作成した後は，CAMによって造形されている。

2) リンケージ企業と専門企業の相互作用：共同開発を通じた柔軟な専門化

　リンケージ企業が持つ需要情報と専門企業が持つ技術情報とは，両者の取引に伴う相互作用を通じて結びつき，柔軟な専門化という優位性を生み出している。

　自社ブランド企業は平均して年2回のペースで新製品開発を行う。製品開発において，自社ブランド企業は，部分ネットワークを構成する特定のテキスタイル卸，洗い加工等の専門企業との間で，頻繁にフェイス・トゥ・フェイスの話し合いを行い，ジーンズの仕様を決めていく。たとえばテキスタイル卸との共同開発では，自社ブランド企業の注文に応じてオリジナル生地を企画するケースが多い。自社ブランド企業は，使用する糸，生地の染め方に至るまで細部に渡って注文を出し，テキスタイル卸は，地元の中小の機屋と協力して要望通りのサンプルを作成する。自社ブランド企業は発注したオリジナル生地の量はすべて買い取る。

　洗い加工メーカーとの共同開発も基本的に同様のプロセスで進行する。自社ブランド企業は最終製品のイメージに合わせて，洗い加工メーカーが保有する膨大な数の加工サンプルをもとに話し合いを行い，新製品の加工について注文を出す。洗い加工メーカーは注文に応じて独自の加工方法を提案する。このように，自社ブランド企業と専門企業は密接，かつ頻繁な話し合いを通じて，高額ジーンズ市場という特定の市場セグメントを対象とした柔軟な専門化を実現している。

　ここで特筆すべきは，「柔軟性」の実現プロセスについてである。既存研究において，産業集積の柔軟性とは，分業構成群の技術・能力の組み合わせによって生まれるという点が強調されてきた。つまり需要の変化への柔軟な対応は，集積内部の多数の専門企業に分散されている様々な技術・能力を組み替えることで達成されるという理解である[8]。もし，こうした理解が正しければ，ここから想定される集積内ネットワークは各リンケージ企業が多数の専門企業と取引関係を持つ必要性が出てくる。リンケージ企業が，この意味での柔軟性を発揮するためには，様々な専門企業との関係を持っている方が

8　例えば，高岡［1998］，額田［1998］を参照。

有利だからである。しかしながら，本章のケースでは，各自社ブランド企業は，限定的な数の専門企業との間にしか取引関係を持っていない。確かに各自社ブランド企業は，求めている生地の質感や加工の仕上がり具合によって，テキスタイル卸や洗い加工メーカーを変えているが，取引先のメンバーは固定的であり，新製品開発ごとにドラスティックにメンバーが変わるということはない。つまり，自社ブランド企業は，多くの専門企業の技術・能力を組み合わせるというよりはむしろ，上述のような特定の専門企業との間の共同開発を通じて情報共有・学習を繰り返すことで，市場ニーズにあった製品を柔軟に市場に提供しているのである。実際の需要の変化，特に毎年のシーズンごとの質的な変化は，様々な技術・能力を組み合わせて対応しなければいけないほど，ドラスティックなものではなく，インクリメンタルなものである。したがって，求められる専門能力もインクリメンタルに変化していく必要がある。こうしたインクリメンタルな変化に柔軟に対応するためには，需要情報を持つ自社ブランド企業と技術情報を持つ専門企業が頻繁に情報のすり合わせを行い，製品仕様を決定していく必要がある。そのためには，特定の相手との長期的・固定的な企業関係の継続が必要になるのである。したがって，こうした優位性を生み出す機能は，主に部分ネットワークにあるといえる。

3) **全体ネットワークの意味**

最後に，以上の柔軟な専門化という効果に対する全体ネットワークの意味について述べておく必要がある。上述のように，柔軟な専門化という優位性を生み出す機能は主に部分ネットワークにあるが，それぞれの部分ネットワークは飛び地的に独自に存在することはできない。それぞれの自社ブランド企業は中堅規模の企業であり，扱うジーンズの量は限定的である。したがって，各専門企業はリンケージ企業の製品企画に対して小ロット生産で応じている。この場合，専門企業は少数の取引先からの小ロットの注文だけでは十分な生産規模を確保することができない。ここに，自社ブランド企業が複数存在し，専門企業が複数の自社ブランド企業と取引関係を持っているという全体ネットワークの意味がある。すなわち，全体ネットワークは，集

積全体としての生産規模を確保する役割を持っている。こうした全体ネットワークがなければ，部分ネットワークは上記の機能を発揮することができないだろう。その意味で，部分ネットワークと全体ネットワークの共存というネットワークの構造は合理性を持っているのである。

おそらく専門企業としては，一部の自社ブランド企業との間での密接な関係を学習や技術評判確立のための奇貨とし，その成果を他の取引先への納入に活用しているものと考えられる。ただし，自社ブランド企業と専門企業との間の取引には一定のルールが存在している。たとえば，テキスタイル卸は特定の自社ブランド企業との間で開発したデニム生地は他の自社ブランド企業には使用しない。また，洗い加工企業の場合も特定の自社ブランド企業用の加工方法は他社には漏らさないようにしている。

4. おわりに

以上，本章では，岡山ジーンズ産業集積を対象に，集積内ネットワークのメカニズムについて分析した。同集積内ネットワークにおいては，部分ネットワークにおける自社ブランド企業と専門企業との密接な相互作用を通じて市場ニーズにあった製品を柔軟に提供する一方で，全体ネットワークによって集積全体としての生産規模を確保している。

最後に，以上の集積内ネットワークの分析を踏まえ，産業集積の優位性の存続に関するひとつの仮説を提示してみたい。

岡山ジーンズ産業集積内ネットワークについて特に注目すべき点は，リンケージ企業としての自社ブランド企業の役割である。こうしたリンケージ企業について，既存研究においては，その重要性が理論的には指摘されつつも，その実体に関する詳細な実証研究はこれまでほとんどなかった。そもそも日本の産業集積に関する研究は，生産や技術といった側面に焦点をおくものが多く，市場との関係，すなわち集積の川下部門についての議論はどちらかというとあまり重視されてこなかったといえる。その意味で本研究は，リンケージ企業の役割を実証的に明らかにしたものと言えるが，その中で特筆

すべきことは，その商人的な役割である。すでに見たように，集積内部の自社ブランド企業は，都市部に直営店を持ち直売したり，営業所での営業活動や展示会を通じて都市部の大手セレクトショップから全国の小規模セレクトショップにまで製品を販売したりしている。こうした活動は，産地の製品を担いで全国津々浦々をまわって販売した従前の商人の姿が現代に形を変えて存在しているというイメージを彷彿とさせる。今井・金子［1988］は，「商業は本来，技術と人を媒介し，人と人，組織と組織，さらに文化と文化を連結させる技術」であると述べている。その意味で，商人とは主体的なネットワーカーであり，本研究における自社ブランド企業は，部分ネットワークにおいて正に商人的な役割を果たしている。ここではこれらの企業を「商人的リンケージ企業」と呼ぼう。本研究の集積内ネットワークの分析結果から，こうした商人的リンケージ企業の内生的発展が，産業集積の優位性の存続の要因ではないかという仮説を導き出すことができる。次章で詳しく見ていくように，もともと児島地区は伝統的な繊維・アパレル産業集積地であり，機業や染色業等の関連専門能力の蓄積があった。当初，こうした蓄積をジーンズ産業集積へと形作り，リンケージ企業としての役割を果たしていたのは，上記のNBグループの企業群であったと考えられる。しかしながら，その後，これらの企業が生産を海外に移転したことにより，集積内ネットワークの機能が損なわれる可能性が出てきた。そこに，高級ジーンズ市場という新たな市場を見出し，集積内に蓄積された専門能力を活用する中堅カジュアルグループと新規参入グループの企業群が内生的に発展してきたことにより，集積内ネットワークの機能が存続されたのである。

第3章

ダイナミズム

1. はじめに

　前章では，児島地区を中心とした岡山ジーンズ産業集積を対象に産業集積内ネットワークのメカニズムについて分析した。同集積における集積内ネットワークは，全体としては広範かつ重複する取引関係のネットワーク（全体ネットワーク）を形成しながらも，それは自社ブランド企業を中心とした比較的強い関係を持つ，より有機的な複数の個別ネットワーク（部分ネットワーク）から構成されている。そして部分ネットワークにおける自社ブランド企業と専門企業との密接な相互作用を通じて市場ニーズにあった製品を柔軟に提供する一方で，全体ネットワークによって集積全体としての生産規模を確保している。特に自社ブランド企業は，東京や大阪などの都市部に直営店を持ち直売したり，営業所での営業活動や展示会を通じて都市部の大手セレクトショップから全国の小規模セレクトショップにまで製品を販売するなど，市場と集積とを結びつけるリンケージ企業としての役割を果たしている。前章では，こうした自社ブランド企業を「商人的リンケージ企業」と呼び，その内生的発展が産業集積の優位性の存続の要因ではないかとの仮説を提示した。

　岡山ジーンズ産業集積では，いかにしてこうした商人的リンケージ企業を中心とした集積内ネットワークが形成・発展してきたのであろうか。本章の目的は，同集積内ネットワークのダイナミズムを考察することにある。本章では，第1章で提示した産業集積内ネットワークのダイナミズムに関する3つの視点，すなわち，①集積の形成要因，②ソーシャル・キャピタル，③企業家精神の3つの視点に基づき，同集積の集積内ネットワークのダイナミズ

ムについて考察していく．以下，本章では，各産業集積に関する郷土史，業界史等の二次資料，ならびに筆者が行ったインタビュー調査結果に基づいて考察を行う．

本章の構成は以下の通りである．まず第 2 節では，郷土史研究を参照として，同集積の形成の契機について考察する．次に第 3 節では，主にソーシャル・キャピタルの観点から，集積内ネットワークの発展プロセスについて考察する．続く第 4 節では，同集積における企業家精神の歴史に焦点を当てる．最後に第 5 節で本章の結論を述べる．

2. 集積形成の契機

児島地区における繊維・アパレル産業に関する代表的な郷土史研究として，『児島産業史の研究：塩と繊維』（多和［1959］），および『児島機業と児島商人』（角田［1975］）が挙げられる．以下では，主にこの 2 つの文献に拠りながら，同地域における産業集積形成の要因について述べていく．

児島地区の繊維・アパレル産業集積形成の歴史的な要因としては，大きく 2 つの点が指摘できる．第 1 は，江戸時代中期の大規模な新田開発であり，第 2 は同じく江戸時代において，域内の瑜伽山にある瑜伽大権現が厚い信仰を集め，多くの参拝者を集めたことである（瑜伽大権現繁昌）．前者は産業の川上部門の集積の要因となり，後者は同川下部門の集積の要因となった．以下詳しく見ていこう．

2-1. 新田開発と綿作の導入

江戸時代の中期において，全国の各藩では，浅海を田畑や塩田とする干拓が盛んであり，備前・備中地域においても新田開発が積極的に行われた．備前藩の領地である児島湾の干拓は民営，藩営入り交って 17 世紀初頭から絶え間なく続き，幕末までに広範な新田が開発された[1]．

こうした新田では木綿が植えられることが多かった．「できたばかりの新

---

1 山陽新聞社（編）［1977］, pp.p-10.

田では砂の目が粗く土地が乾燥して直に米作には適しないが，木綿は施肥によってはよくできたという事情のほかに，米に較べて綿の方が換金性が高かった」(角田[1975], p.191)からである。綿生産の増加を背景として，備前藩は貞享3年(1686年)に我が国ではじめて綿の専売制を採用し，領内の綿実や加工綿の白木綿は大阪や京都へ送られていた[2]。さらにこうした綿作の導入は，域内農民の機業への参入へとつながる。児島半島は土地の割に人口が稠密であったため，住民は農業生産にのみ頼って生活していくことは困難であった。そこで農業の余暇に綿作地帯でとれた綿を加工して紐や帯地，布地を作るようになったのである[3]。特に分配すべき土地制限によって農家の次男・三男などの農業余力がこうした機業や，あるいは製塩業へと向かった[4]。そして，こうした紐や帯地などの綿製品製販業の発展に大きな影響を与えた歴史的要因が瑜伽大権現繁昌である。

2-2. 瑜伽大権現とアパレル製販業の発展

児島半島の中央に位置する由加山に鎮座するのが瑜伽大権現である[5]。瑜伽大権現は江戸時代の文化・文政年間から明治中期に至るまで信仰地として栄え，讃岐のこんぴらさんと肩をならべるほど，全国から多くの参拝者を集めた[6]。当時，参道には茶屋や土産物屋がびっしりと軒を並べていたが，その土産物屋で売られていたのが，児島特産の真田紐や小倉織であった。土産物として持ち帰られたこれらの製品により児島の綿製品の評判が全国に広がったと言われている。当時の農家は，綿花や繰り綿の出荷販売よりもうまみのあるこうした二次加工品の生産へと移ったのである(山陽新聞社(編)[1977], p.11)。また，由加山に端を発する豊富な水系は麓の集落の機業に水車としての動力も与えた。

綿産地として繊維業が興った地域は日本全国に多く存在する。児島地区の

2　山陽新聞社(編)[1977], p.10, 角田[1975], p.192.
3　角田[1975], p.196.
4　多和[1959], pp.161-162.
5　瑜伽大権現の由来等の詳細については，多和[1959]を参照。
6　多和[1959], 山陽新聞社(編)[1977].

場合は，このように，域内に全国規模の大きな市場を有することによって，繊維・アパレルの中でも特に川中から川下にかけて重点の置かれた産業集積が形成されたと考えることができる。このことは，児島の繊維・アパレル産業集積が，その後も新たなアパレル製品を次々と導入することによって発展していったことと無縁ではあるまい。この点については，企業家精神の箇所で後述する。

3. 集積内ネットワークの形成・発展とソーシャル・キャピタル

次に，以上のような経緯で形成された産業集積において，集積内ネットワークがいかに発展してきたかという問題について，ソーシャル・キャピタルの視点から考察する。

3-1. 集積内ネットワークの形成と発展

以上述べた契機をもとに児島地区の織物業は急速に発展し，天保13年（1842年）には備前藩より，「近年村々に小倉真田多いため，農業疎かに相成り」として織物業に対する禁止令が出るほどであった[7]。「かねてより農事以外の製塩に従事してその利益を得ている経験をもつ百姓達，児島の農民層，特にその有力者の多くはさらに多数の織機をつくり，水車をつくり水車の動力を活用し織子を集めて盛んに利殖の道に励んで」（多和［1959］，pp. 167-168）いたのである。角田［1975］は当時の生産構造を次の3つの類型にまとめている（角田［1975］, p. 199）。

① 自家で高機を持ち，家族労働力だけで，自分の原料をもって織出す独立の家内工業。
② 有力な織元が，零細な農民層に，高機や材料を貸与して織出させ，製品は織元がとり，賃銀だけを支払う問屋制家内工業——所謂「出し機制」。
③ 作業場を持ち，多くの下人，下女を雇傭して協業して分業的に生産させる工業制手工業。

---

7 多和［1959］, pp. 168-169，角田［1975］, pp. 201-202.

表 3-1　児島郡の織物業

年号	製造戸数（戸）	織機数（台）（内力織機数）	職工数（人）（内男工数）	生産額（円）
明治 24 年	—	—	—	352,477
25 年	—	—	—	222,844
26 年	—	—	—	176,944
27 年	160	265	238 (50)	98,800
28 年	647	1,705	1,798 (140)	414,268
29 年	431	1,759	1,778 (154)	250,248
30 年	283	1,153	1,128 (115)	118,271
31 年	192	802	688 (71)	108,136
32 年	256	897	977 (143)	173,383
33 年	558	2,181	2,628 (701)	1,042,116
34 年	545	1,349 (155)	1,564 (463)	565,909
35 年	359	1,219 (5)	1,538 (456)	507,771
36 年	596	2,048 (0)	2,047 (209)	565,669
37 年	596	1,539 (93)	1,592 (199)	633,618
38 年	2,108	3,190 (50)	3,895 (740)	1,664,110
39 年	2,189	3,182 (37)	3,445 (413)	1,679,000
40 年	2,586	3,823 (49)	4,134 (496)	1,639,860
41 年	2,588	4,850 (50)	5,050 (450)	2,186,000
42 年	1,753	1,545 (56)	3,158 (370)	1,662,434
43 年	1,761	1,428 (80)	1,898 (311)	1,798,790
44 年	1,765	2,620 (120)	2,921 (306)	1,985,290
大正 1 年	5,402	7,560 (267)	9,527 (320)	1,974,312
2 年	4,143	8,850 (447)	7,994 (404)	2,685,314
3 年	2,033	3,918 (436)	3,520 (185)	2,175,593
4 年	2,527	3,311 (445)	3,061 (188)	1,476,589
5 年	1,747	3,686 (598)	3,558 (426)	2,879,717
6 年	1,814	4,626 (798)	4,877 (1,086)	5,495,119
7 年	1,933	5,474 (1,552)	5,404 (1,190)	8,849,242
8 年	1,744	5,324 (1,951)	5,600 (983)	13,889,933
9 年	1,291	4,481 (1,717)	4,205 (810)	8,790,555

注 1　原資料は『岡山県勧業年報』,『岡山県農商工年報』,『岡山県統計書』。
　　2　明治 30 年は田ノ口村・鴻村・灘村, 明治 31 ～ 33 年は田ノ口村・鴻村・灘村等の合計である。
　　3　明治 34 ～ 36 年の織機数の (　) 内は器械機。

出所：倉敷市研究会（編）[2002], p. 468 の表 91 の引用

角田［1975］は，こうした生産構造は，その後の児島機業地の類型的経営形態として持続していったと指摘している（角田［1975］, p.199）。さらに，当時は児島の在郷商人も同様に発展した時期である[8]。現在のジーンズ産業集積にみられる児島地区の生産・販売のネットワークは，すでにこの時期より形成されていたと考えることができる。表3-1は，統計資料が使用できる明治・大正期における児島郡の織物業の製造戸数，織機数，職工数，生産額を示したものである。児島地区においては，江戸時代に形成された生産・販売ネットワークを維持しながら，その後も集積を維持・発展させてきたことが推察できる。

3-2. ソーシャル・キャピタルとしての血縁・地縁ネットワーク

　多和［1959］は，「現在の当地方商社や事業場の先祖に当たる人々は，すでに当時よりその中心となっていたのであって創業を安政年間におく尾崎商事株式会社の前身はそのひとつであったし，現に繁昌しているのである」（多和［1959］, p.170）と述べている。現在の岡山ジーンズ産業集積内の企業間ネットワークの根幹には，こうした地元有力者を中心とした地縁，あるいは血縁のネットワークが受け継がれていると考えることができる。

　1983年時点に，児島琴浦地区下の町O自治会第一班20戸を対象に社会学的な面接調査を行った布施［1992］は次のように指摘している。まず20世帯の事例のうち，この地域に生まれ育った地つき層が多く，同時に織物，縫製，染色を中心とする繊維産業とのかかわりがいちじるしく高かった。そして，同地区においては，中小企業経営者層や自営業者層を中心に，家を本拠とする縫製業従事の形態が多く，それらの層を中心に血縁と地縁のネットワークの重層的な重なりが見られた。

　筆者が行ったインタビュー調査においても，現在のジーンズ産業集積を形成する各企業間の血縁・地縁のネットワークの存在を多く確認することができた。まず血縁に関して，岡山ジーンズ産業を代表する大手自社ブランド企業の株式会社ビッグジョン（児島），株式会社ボブソン（岡山市），株式会社

8　角田［1975］, pp.194-196.

ベティスミス（児島）の3社の創業者は，血縁関係にある。ビッグジョンとボブソンの創業者は兄弟であり，当初，ビッグジョンがボブソンに生産を委託する関係であった。またビッグジョンとベティスミスの創業者も親類関係にあり，ベティスミスはビッグジョンのレディス部門の生産から事業を開始した。現在でも，ビッグジョンの元取締役がベティスミスの顧問を務めているという関係にある。同様に，児島の自社ブランド企業である株式会社ドミンゴと株式会社ジョンブルの創業者も親戚関係にあるとのことである。次に地縁に関しては，同地区における業界内でのスピンアウト（起業・独立）が多いことが指摘できる[9]。自社ブランド企業有限会社キャピタルの創業者は，同じく前出の自社ブランド企業ジョンブルからのスピンアウトである。また，生地卸の株式会社コレクト社は同じく生地卸の地元企業からのスピンアウトである。さらに，縫製業のC社の社長は，地元の自社ブランド企業でジーンズの生産・販売の仕事を経た上で家業を継いでいる。そのほかにも，こうした事例はインタビュー調査の中で多く確認できた。

　現在のジーンズ産業集積内で見られる企業間の分業ネットワークの背景には，以上のような長い歴史を持つソーシャル・キャピタルとしての血縁・地縁のネットワークが存在していると考えることができる。また，こうした血縁・地縁のネットワークの存在は，集積内での起業・独立が比較的容易な環境をもたらしたと考えられる。

4. 新製品導入型の集積発展

　すでに，児島地区の繊維・アパレル産業においては，当初より，土産物としての真田紐や小倉というアパレル製販部門の発展が見られたことを指摘した。児島の繊維・アパレル産業集積の特筆すべき特徴は，その後も次々と新たな製品を導入して産業集積が発展してきたことである。図3-1は同地区における主要製品の変遷を示したものである。真田紐や小倉から始まり，次に足袋や輸出向けの韓人紐・腿帯子（後述），さらに有名な学生服や作業着か

---
[9] 集積内部におけるスピンオフについては福嶋［2005］，稲垣［2005］などを参照。

ら現在のジーンズに至る。また一般的なアパレル製品とは別に畳縁や自動車部品等にも製品は派生している。日露戦後から戦間期までの全国の産地綿織物業を4つの類型に分類した阿部［1989］では，児島について，小幅縞木綿の製織から特殊，かつ多様な製品の生産に転じた産地グループに分類した上で，その発展を可能にした大きな要因として旺盛な製品開発能力を指摘している。

図 3-1 児島繊維産地の変遷

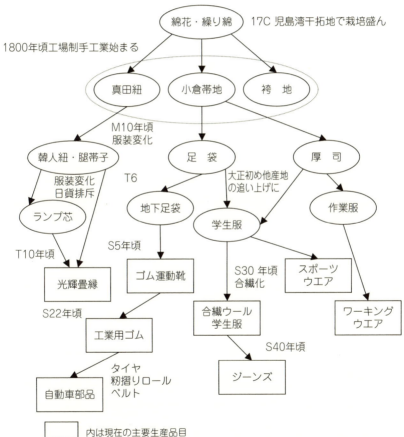

出所：岡山経済研究所［1993a］, p.157 より引用

ここで注目したい点は，このように次々と産業集積に新製品が導入されたということの背後には，それぞれその製品を導入した先駆的な企業家が存在し，さらに別の企業家が参入してきたという事実である。同産業集積においては，こうした企業家達が，集積内ネットワークにおける主体的なネットワーカーとなってきた。これら企業家については，前出角田［1975］に詳しい。

　以下，まずは同書に拠りながら，代表的なケースとして韓人紐と腿帯子の輸出，および学生服のケースについて述べた上で，筆者が行ったインタビュー調査に基づき，現在のジーンズのケースについて述べる。

4-1. 韓人紐と腿帯子の輸出のケース

　韓人紐とは，朝鮮人用の腰帯のことであり，明治20年代ごろより児島から朝鮮に輸出されるようになった製品である。この韓人紐の先駆的な企業家が児島郡田ノ口村の与田銀次郎である。銀次郎は，安政五年（1858年）の生まれであり，幼少期に両親を亡くして孤児となった。8歳から酒造業の丁稚奉公を経験したのち，20歳から小倉真田の製造取売と醤油業を営む伯父の石井邦十郎のもとで働くことになる。この伯父の邦十郎は明治20年（1887年）に韓国釜山で韓人向けの雑貨店を開店している。銀次郎は明治23年（1890年）に初めて朝鮮に渡り，そこで現地の商況を視察して韓人紐を思いついたと言われている。「元来，この韓人紐は韓国人は大てい衣服の裁屑を活用して個々に内職的に製作していたのを銀次郎が小倉真田の木綿製品としたものであって，強くて安くその上，韓国人の好みに合致したのでたちまちもの間に年額二十数万の巨大なる産額を輸出するようになった」[10]。さらに銀次郎は娘婿の与田栄七を片腕として，中国向けの腿帯子の輸出に乗り出す。この腿帯子とは，当時の中国人の服の袴部の裾を束ねる帯のことである。栄七が日露戦争期の明治37年（1904年）に大姑山に上陸したときに腿帯子を見つけたと言われている。

　さらに，この韓人紐・腿帯子輸出に参入したのが，尾崎峰三郎である。峰

---

[10] 多和［1959］，pp.208-209

三郎は，田ノ口村の呉服商尾崎末吉の娘婿となり呉服商の手伝いをしていたが，数年後に分家して小間物や荒物の商売を始め，その後，小倉真田に転業した。衣服の変遷によって，真田小倉の売れ行きが悪くなると，当時上記与田銀次郎が好調に輸出を伸ばしていた韓人紐の製造に着手する。そして日露戦争後に満州を視察した折には，腿帯子を見つけ，腿帯子輸出に乗り出す。

与田銀次郎と尾崎峰三郎の腿帯子はともに中国市場で好調で両者は激しい輸出競争を繰り広げたという。そのほかにも，当時の児島には柏野卯八郎，内藤喜一，古市建太郎等十数件の腿帯子輸出業者がいた。

4-2. 学生服のケース

同様の状況は後の学生服のケースでもみられる。児島における学生服の先駆的企業家は角南周吉である。周吉は明治29年（1896年）生まれで，児島実業補習学校を卒業後，ある機織会社に入った後，19歳で独立してゲートル（脚絆）製造を始めた。すでに大正6，7年頃から都会において学生服が着用されるようになっていたが，周吉は，九州に出張した折，学生服が将来有望であると思いつき，大正7年（1918年）ころから製造を開始したという。そのほか，当時は西山改一，森荒太郎等数人の企業家達も学生服に参入しており，大正10年（1921年）前後からは児島織物合資会社が学童服の大量生産を開始している。さらに昭和に入ると，たとえば昭和3年（1928年）の西原本店の参入などそれまで足袋を扱っていた大手業者が学生服へと転向するようになった。現在でも続く明石被服が学生服に参入したのも昭和5年（1930年）のことである。以後，児島の学生服は従来の綿製品の生産・販売の基盤を活かし，安くて丈夫と好評を得て発展していく。

4-3. 現在のジーンズのケース

以上のような企業家精神の発露は，現在のジーンズのケースにも引き継がれている。ここでは，ジーンズという新たな製品を産業集積に持ち込んだ企業家としてビッグジョンの尾崎小太郎氏，さらに，ジーンズの新たな価値観を集積に持ち込んだ企業家としてキャピタルの平田俊清氏を取り上げる。

Part 1　岡山ジーンズ産業集積内ネットワーク

1）尾崎小太郎（株式会社ビッグジョン）：ジーンズを集積に持ち込む[11]

　株式会社ビッグジョンの前身は昭和35年（1960年）設立のマルオ被服株式会社（創業は昭和15年）であり，もともとは学生服・作業服の製販を行っていた。昭和40年（1965年）の繊維不況時に児島の学生服メーカーの多くは大手合繊企業の系列化に入り，系列外の同社は極度の販売不振に陥ることになった。創業者の尾崎小太郎は，危機打開の策として，当時若者の間でGパン（GIパンツ＝米兵の中古衣料としてのジーンズ）の人気があること，およびGパンはまだ国内メーカーによって生産されていないことに目をつけた。当時はまだ日本国内でデニム生地が生産されていなかったため，輸入生地を使用してジーンズを生産することにした。ただし，当時は生地輸入が自由化されていなかったため，国内で輸入デニム生地を探すことから始めなければいけなかった。当時，デニム生地の調達を担当したのが，柏野静雄である。柏野は，東京の貿易会社から米国キャントン社製のデニム生地を調達することに成功し，昭和40年（1965年）同社は日本初の国産ジーンズブランド「キャントン」の立ち上げに加わった。このころから尾崎は，これまでの学生服をやめて，ジーンズに事業内容を集中させることを決め，昭和43年（1968年）には自社ブランド「ビッグジョン」の製販を開始した。ジーンズの国内製販は初めての試みであったため，同社は児島の繊維・アパレル産業集積の基盤を活用して，様々な新結合を遂行した。たとえば，当時は日本国内に厚手のデニム生地を縫製するミシンがなかったため，ミシン業者を集めて新しいミシンを開発した。また，輸入生地から国産生地に切り替えるために繊維メーカーと共同で国産デニム生地を開発した。さらに中古衣料としての風合いや履きやすさのために洗い加工を施した上で販売をすることを始めたのも同社である。同社は近隣の染色工場やクリーニング店に洗い加工を依頼し，洗い加工業という新しい業種を生み出した。

　このように，尾崎は繊維・アパレル産業集積にジーンズという新たな製品を持ち込み，様々な新結合を成し遂げたという意味で革新的な企業家である。

11　以下の記述は，筆者が2007年9月に行った柏野静夫氏（元ビッグジョン取締役営業部長）へのインタビュー，および岡山経済研究所［1993b］，日本繊維新聞社［2006］による。

2) 平田俊清（株式会社キャピタル）：ジーンズの新たな価値観を持ち込む[12]

　ビッグジョンによって形作られた児島のジーンズ産業集積に，ジーンズの新たな価値観を持ち込み，現在のような高付加価値ジーンズを中心とした産業集積への発展の契機となったのが，キャピタルの代表取締役の平田俊清の企業家精神である。

　神戸出身の平田は，1970年に大学を卒業したあと，やりたいことが見つからず米国に渡る。そこでジーンズに興味を持ち，帰国後，1974年に結婚と同時に夫人の故郷である児島に移り，地元メーカーのジョンブルに入社した。平田は同社で10年間，ジーンズの生産・販売の経験を積んだ後，1985年に独立する。独立の動機は，自分の思い通りのジーンズを作りたかったということにあった。創業後間もなくはOEM生産が続いたが，当時はDCブランドブームの真っ只中であり，多くの注文を獲得することができた。同社の発展の契機となったのは，ハリウッド・ランチ・マーケットというブランドのOEMを手がけたことである。ハリウッド・ランチ・マーケットとは，1972年に古着から出発し，ジーンズを含むカジュアルブランドへと発展していった東京のショップであり，日本の高付加価値ジーンズの先駆けとなったショップである。このハリウッド・ランチ・マーケットのOEMによって業界内での同社の評判は大いに高まった。1990年代は，東京や大阪などの大都市圏において，レプリカジーンズを中心に高付加価値ジーンズが注目され始める時期であるが，同社はこの時期に多くの有名ブランドのOEMを手がけた。そして1990年代後半に，同社はこれまでのOEMを止めて直営店で高付加価値ジーンズを販売するようになる。平田は，大都市圏のファッション性の高いブランド・ショップのOEMを通じて，新たなジーンズの価値観やブランド・ビジネスやショップの運営方法を身に付け，それらを児島のジーンズ生産の専門能力とを結びつけたという意味で新結合を行った革新的な企業家と考えることができる。キャピタルの成功を受け，1990年代後半から2000年代にかけて，児島のジーンズ企業は，新たに同様のブランド

---

[12] 以下の記述は，筆者が2008年3月に行った平田氏へのインタビュー，および日本繊維新聞社[2006]，日経BP社[2003]による。

を新設するようになり,また新規参入も多くなったのである。

5. おわりに

　以上,集積の形成要因,ソーシャル・キャピタル,および企業家精神という3つの視点から,岡山ジーンズ産業集積における集積内ネットワークの歴史的発展過程について考察してきた。最後に,以上を踏まえ,なぜ同産業集積において現在のような商人的リンケージ企業を中心とした集積内ネットワークが発展できたのかというロジックを組み立ててみよう。

　第1に同産業集積は,そもそも独自の集積の形成要因から,川下部門に比重が置かれた集積という側面が強かった。すなわち,瑜伽大権現が多くの参拝客を集めたという歴史的な偶然により,当初から土産物としてのアパレル製品部門が発展した。同集積は,もともと市場と分断された産地型の集積ではなく,当初から市場動向に意識的な集積として形成されたのである。第2に,農村工業から始まった児島の繊維・アパレル業はソーシャル・キャピタルとしての地元有力者を中心とした血縁・地縁のネットワークに組み込まれる形で発展してきた。このことは,企業間の分業ネットワークの形成に貢献し,また集積内での起業・独立が比較的容易な環境をもたらした。

　以上2つの条件を組み合わせて考えてみると,同集積においては,もともと市場と集積とを結びつける商人的リンケージ企業が輩出されやすい素地があったということができる。実際,前述してきたように,同集積において発揮されてきた企業家精神は,全国の市場動向に合致した新しいアパレル製品を集積に持ち込むという点に立脚してきた。さらに,同集積では,韓人紐や腿帯子で利益を得た与田銀次郎,尾崎峰三郎らの企業家達や学生服で利益を得た角南周吉,およびそれに続いた企業家達など,先駆的な企業家の成功がデモンストレーション効果を生み,次々と新たな企業家が参入するというパターンが繰り返された。こうしたパターンの繰り返しによって,同集積においては,商人的リンケージ企業が継続的に輩出され,彼らが集積内ネットワークにおける主体的なネットワーカーとなっていくという「風土」が形成

されてきたのである。

Part 2

今治タオル産業集積内ネットワーク

第4章

メカニズム

1. はじめに

　本章では，第2章における岡山ジーンズ産業集積に引き続き，第1章で設定した分析枠組みに基づき，愛媛県今治市を中心としたタオル産業集積を対象として，集積内ネットワークについて分析していく。

　序章で述べたように，2015年時点において，今治タオル産業集積は国内生産量シェア58.2%で全国第1位であり，特に近年では独自の「今治タオルブランド」を冠した高品質タオルによって生産量を増加させている。このように，全体的に国内繊維・アパレル産業が衰退傾向にある中で，同集積はその優位性を維持している。前章の岡山ジーンズ産業集積の分析では，集積内ネットワークの構造と機能を実証的に明らかにした上で，商人的リンケージ企業の内生的発展が産業集積の優位性維持の要因であるとの仮説を提示した。この仮説は今治タオル産業集積についても妥当性を持っているであろうか。本章では，まず第2章の岡山ジーンズ産業集積の分析と同様，筆者が行った集積内企業のインタビュー調査結果に基づき，今治タオル産業集積内ネットワークの構造と機能について分析していく。

　本章の構成は以下の通りである。まず第2節では，本章の分析枠組みと調査の概要について述べる。続く第3節では，タオルの生産工程について概観した上で，調査対象企業の概要について述べる。次の第4節と第5節は，調査結果に基づく分析である。ここでは，インタビュー調査結果に基づき，その構造（第4節）と機能（第5節）の両面から今治タオル産業集積内ネットワークのメカニズムについて分析する。最後に第6節で本章の議論を要約する。

2. 調査の概要

　本研究では，今治市のタオル関連企業 13 社，および業界団体でインタビュー調査を行った。調査対象企業の概要，および調査の概要は表 4-1 のとおりである。調査対象企業 13 社のうち，10 社はタオルメーカーである。これらのタオルメーカーは，産業集積と市場とをつなぐリンケージ企業であり，集積内ネットワークの頂点となる企業である。また専門企業 3 社については，C 社は撚糸業，黒田工藝は捺染（プリント）業，大和染工は染色業である。調査は 2011 年 8 ～ 9 月，2012 年 8 月，2013 年 2 月と 3 段階に分けて実施し，各企業に集積内ネットワークにおける自社の役割や取引関係等について質問した。インタビュイーは 11 社については経営者であり，残りの 2 社についても全社的な取引・業務内容を把握している人物である。また四国タオル工業組合のインタビュイーは専務理事である。

3. タオルの生産工程と調査対象企業のプロフィール

3-1. タオルの生産工程と集積の構成企業

　図 4-1 は，タオルの生産工程を示したものである[1]。まず紡績工場で紡がれた原糸は，単糸のままタオルに加工される場合と，単糸を 2 本撚り合わせる撚糸工程を経る場合に分類できる。撚糸工程は，糸切れの防止や，タオルの風合いを向上させる効果を持っている。

　次に原糸は，染色工程に回される。染色工程とは，「晒し」と呼ばれる，糸の精錬漂白工程と染色工程，および糊付け工程が含まれる。日本で生産されるタオルは，大きく「先晒し」と「後晒し」との 2 つに分類することができる。糸の段階で晒して染色する方法が先晒しであり，織った後に晒して染色する方法が後晒しである。今治は伝統的に先晒しタオルの産地であり，今治と並ぶタオル産地である大阪の泉州は後晒しタオルの産地である。チーズ巻きと呼ばれる円筒形に巻かれた状態の原糸は，この染色工程で漂白・染

1　今治タオルの生産工程については，四国タオル工業組合［1982］に詳しい。

表4-1 調査対象企業と調査の概要

分類	企業名	創業年（設立年）	従業員数：人	資本金：万円	売上高（年）	調査日	インタビューイーの役職
タオルメーカー	オリム	1971年（1986年）	33	1000	4億1400万円（2010年）	2011年8月30日	営業部長
	A社	（2000年）	15	300	約2億円（2010年）	2011年8月30日	代表取締役
	織鶴タオル	（1976年）	4	300	1800万円（2010年）	2011年8月31日	経営者
	今井タオル	1899年（1951年）	80	1000	約11億円（2010年）	2011年9月2日	代表取締役
	池内タオル	1953年（1969年）	25	8700	約4億円（2009年）	2011年9月2日	代表取締役
	七福タオル	1959年（1985年）	58	1000	11億2000万円（2011年）	2012年8月27日	代表取締役
	城南織物	1914年（1948年）	48	2000	3億8000万円（2011年）	2012年8月30日	代表取締役
	コンテックス	1934年（1952年）	95	1000	約12億円（2011年）	2012年8月31日	代表取締役会長
	楠橋紋織	1931年（1951年）	80	5000	約30億円（2012年）	2013年2月26日	取締役
	B社	1929年（1967年）	149	2000	25億9089万円（2012年）	2013年2月27日	代表取締役社長
専門企業	C社	1968年	6	—	3600万円（2011年）	2012年8月27日	経営者
	黒田工藝	1961年（1971年）	31	1000	2億8000万円（2011年）	2012年8月28日	代表取締役
	大和染工	（1956年）	89	1900	約14億円（2011年）	2012年8月29日	代表取締役社長
その他	四国タオル工業組合	（1952年）				2011年9月1日	専務理事

出所：インタビューにより筆者作成

図 4-1　タオルの生産工程

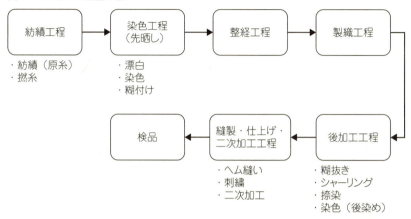

出所：インタビューにより筆者作成

色・糊付けされ、整経工程に回される。

整経工程とは、製織工程の前段階の工程であり、経糸の本数や長さ等を整える工程のことである。製経工程でビーム（伸べ）と呼ばれる形状に巻かれた糸は、製織工程で織機にかけられ、生地に織られる。次に生地は、製品の種類によって、後加工工程に回される。ここでは、糊抜きの他、模様や絵、写真等をプリントする捺染工程、肌触りを良くしたり、捺染をしやすくしたりするためにパイル地のタオルの表面をカットするシャーリング加工工程、生地を後染めする染色工程などが含まれる。

最後に、ヘム縫いと呼ばれるタオルの端の部分を縫製する縫製工程、また製品によっては、刺繍を施したり、バスローブなどの二次製品へと加工したりする縫製・仕上げ・二次加工工程を経て、検品が行われタオル製品が完成する。

以上の工程の内、今治タオル産業集積には、原糸の紡績を除くすべての工程が立地している。すなわち、タオルの原糸は糸商と呼ばれる商社から購入するが、その後は、撚糸から検品に至るまでのすべてと集積内部で完成させることができる。また、糸商は本社を大阪や名古屋等に置く商社ではあるが、営業所や代理店等が産業集積内部に立地している。

今治タオル産業集積では，多数の中小企業による各工程の分業によってタオルを生産している。タオルメーカーは，タオルの企画・販売のほか，生産面においては，主に整経・製織工程を担当している。前述の通り，タオルメーカーには工業組合があり，インタビュー調査を実施した2012年時点における組合参加企業数は，118社である。規模の大きなタオルメーカーの場合，自社工場内で一部縫製を行っている企業もあるが，ほとんどの企業は，縫製については内職や縫製企業に外注に出している。撚糸工程，染色工程，捺染工程については専門企業が担っており，それぞれ工業組合がある。2012年時点における組合参加企業数は染色業者9社，捺染業者18社，撚糸業者3社であるが，組合に入っていない企業も存在している。
　以上を踏まえ，次に本研究の調査対象企業の概要について見ていこう。

3-2. 調査対象企業のプロフィール
1） タオルメーカー

　タオルメーカーは，生産ネットワークの頂点となる企業であるが，第2章におけるジーンズ自社ブランド企業と同様，そのビジネスの形態は企業によって様々である。表4-2は，自社ブランドとOEMの比率，販売形態，および海外生産比率から調査対象のタオルメーカーを分類したものである。従来，今治のタオルメーカーは問屋取引を通じたOEM生産をその主なビジネス形態としてきた[2]が，調査対象タオルメーカーの調査時点におけるビジネス形態は，基本的に以下の3つの型に分類できる。
　第1は，海外生産は行わずに，国内生産によって自社ブランド販売を行っている「自社ブランド型」であり，オリム，織鶴タオル，池内タオル，七福タオル，コンテックスの4社が含まれる。以下，各社の概要について見ていこう。
　オリムは，調査対象企業の中では比較的混合型のタオルメーカーであり，自社ブランド製品を小売店に直販する一方で，問屋取引のOEM生産も継続している。また，同社は製品の売上構成比についても特徴がある。タオル

2　詳しくは第6章を参照

表 4-2　調査対象タオルメーカーの分類

分類	企業名	自社ブランド：OEM 比率（％）	販売形態	海外生産比率（％）
自社ブランド型	オリム	70：30	直販・問屋取引	0
自社ブランド型	織鶴タオル	100：0	直販主体	0
自社ブランド型	池内タオル	98：2	直販主体	0
自社ブランド型	七福タオル	自社ブランド・自社企画主体	直販主体	0
自社ブランド型	コンテックス	99：1	直販主体	0
OEM生産維持・国内	A 社	30：70	直販主体	0
OEM生産維持・国内	今井タオル	10：90	問屋取引主体	0
OEM生産維持・国内	城南織物	2：98	問屋取引主体	0
OEM生産維持・国内	B 社	15：85	問屋取引主体	0
OEM生産維持・海外	楠橋紋織	5：95	問屋取引主体	75

出所：インタビューより筆者作成

メーカーの主要製品は，一般的にはバスタオル，フェイスタオル，あるいはタオルケットであるが，同社の場合，タオルマフラーが売上の約 50% を占めている。

　織鶴タオルは，前掲表 4-1 からも明らかなように，調査対象企業の中で最も規模の小さなタオルメーカーである。同社はガーゼ織のタオルを中心とした自社ブランド製品を，今治繊維リソースセンターや今治地域地場産業振興センター等の販売会を通じて販売している。

　池内タオルは，風力発電による電力を使用して製織する「風で織るタオル」がテレビや雑誌等のメディアでも取り上げられている今治を代表する自社ブランド企業のひとつである。

　同社は，「風で織るタオル」やオーガニック・コットンのタオルなど環境に配慮した自社ブランド製品を首都圏を中心とした小売店に直販している。また同社の場合，海外にも製品を輸出しており，ここ数年の輸出比率は 30% 程度である。

七福タオルも今治を代表する自社ブランド企業のひとつである。同社は主に自社ブランドや自社企画のタオルを，東京を中心とした小売店に直接販売している。同社は東京のデザイン事務所とのコラボレーションやweb上のアニメーションCMなど独自の方法でブランド力を強化している。

コンテックスは，今治タオル産業集積における自社ブランド生産の嚆矢であり，昭和26年（1951年）から自社ブランド「コンテックス」を創設し，代理店を通じて販売するという方式を開始した。現在も自社ブランド生産が99％であり，全国の小売店に直販している。

第2は従来からのOEM生産を維持しながらも，国内生産を行っている「OEM維持・国内生産型」であり，A社，今井タオル，城南織物，B社が含まれる。

A社は，昭和20年代（1945年）に創業したタオルメーカーA'社から分社する形で平成12年（2000年）に設立された企画・販売会社であり，タオルの生産は同じくA'社から分社独立した生産会社が専属で行っている。A社の製品は金額ベースで見て70％がOEM生産であるが，従来の問屋取引を通じたOEM生産ではなく，全国の雑貨店等の小売店に主に自社企画のOEM製品を提供している。残りの30％は自社ブランド製品である。金額ベースで見た製品構成は，タオル関連が約50％，ベビー用品や雑貨が約50％である。

今井タオルの創業は明治32年（1899年）であり，今治タオル産業集積の中でも代表的な老舗タオルメーカーのひとつである。同社はタオルケット生産の先駆的な企業であり，従来からタオルケットのOEMを主要なビジネスモデルとしてきた。現在でも問屋取引を通じたOEM生産が主要ビジネスであるが，一部自社ブランド製品を生産している。金額ベースで見た製品構成は，タオルケットが約50％であり，残りの50％がバス，フェイス，ウォッシュのタオルである。また，同社のタオルケットの生産数量は全国第1位である。

城南織物も従来からの問屋取引を通じたOEM生産を主要なビジネスとしている。金額ベースで見た製品構成は，タオルケットが約50％，バスタオ

ルが約35%，フェイスタオルが約10%，タオルハンカチ等の小物タオルが約5%である。同社はこれらの製品を，問屋がライセンスを保有している欧米のハイブランド向けにOEM生産している。

B社は，今治を代表する大手タオルメーカーのひとつである。同社も従来からの問屋取引を通じたOEM生産を主要なビジネスとしている。同社の場合，バスタオル，フェイスタオル，ウォッシュタオルが主要製品であり，数量ベースでみると1:2:2の比率になる。同社もこれらの製品を，問屋がライセンスを保有しているブランドのギフト用タオルとしてOEM生産を行っている。

最後に第3は，同じくOEM生産を維持しながらも，海外生産を行っている企業である。今回の調査対象企業のうち，このタイプに当てはまるのは，楠橋紋織だけであるが，今治産業集積全体としては，平成初期（1990年代初頭）を中心に数社が海外展開をした[3]。

楠橋紋織も今治を代表する大手タオルメーカーのひとつである。同社は従来からの問屋取引を通じたOEM生産を主要ビジネスとしているが，平成7年（1995年）から中国生産を開始し，調査時点において，約75%（金額ベース）が中国生産である。

2）専門企業

専門企業については，撚糸，捺染，染色の企業でインタビューを行った。まずC社は撚糸の専門企業であり，個人事業としてタオルメーカーからの撚糸の委託加工を行っている。C社ではタオルメーカーが買い付けた糸に撚糸加工を施すが，単糸の状態で先に染色して撚糸加工を行う場合と，撚糸をしてから染める場合の2種類がある。撚糸加工は撚糸機と呼ばれる専用の機械設備で行われる。

黒田工藝は，捺染の専門企業であり，タオルメーカーからの委託で，タオル生地に顔料や染料で写真や図柄のプリント加工を行っている。同社はもともと今治の伝統的なジャガード織りの紋紙製造の企業であったが，現在はタオルの捺染が主な業務となっている。捺染は大きく手捺染と機械捺染に分

---

[3] タオルメーカーの海外展開については，第6章を参照。

類できる。同社はもともと手捺染から始まり，約30年前まで続いていたが，現在は全て機械捺染である。

　大和染工は染晒加工の専門企業であり，上記のタオルの生産工程のうちの先晒しの染色工程，および糊抜き等の後加工工程を担当している。同社は今治に3つの工場と中国にも工場を有している。後述のように，同社は世界初の全自動の染色機を開発した企業であり，染色工程はすべてコンピュータ制御となっている。

4. 集積内ネットワークの構造

　以上を踏まえ，まずは今治タオル産業集積内ネットワークの構造について見ていこう。すべてのタオルメーカーは，製織工程は自社で行っている。また整経工程に関しても自社で行う企業が多い。図4-2は調査対象企業のひとつであるタオルメーカーB社の分業ネットワークの概念図である。B社の場合，糸の購入は，3社と取引がある。撚糸の外注先は3社である。先晒しの染色加工の外注先は1社であり，この取引先には後工程の糊抜きも委託している。整経工程と製織工程はすべて自社内で行っている。その他，シャーリング1社，縫製2社，および刺繍1社と取引がある。B社では現在プリントのタオルは扱っていないため，捺染の外注先はない。

　インタビューでは，各タオルメーカーそれぞれについて，どのような分業

図4-2　B社の分業ネットワーク

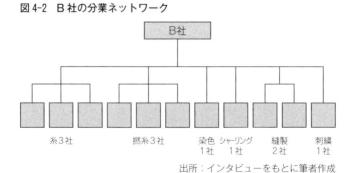

出所：インタビューをもとに筆者作成

第4章 メカニズム

表4-3 タオルメーカーの取引企業数

	糸	撚糸	染色	捺染	縫製	刺繍
オリム	3	3	2	4	5	2
A社	3	0	4	3	11	1
織鶴タオル	1	1	3	2	1	0
今井タオル	2	4	2	1	6	1
池内タオル	1	1	1	1	3	1
七福タオル	5	2	3	2	7	3
城南織物	4	1	4	2	2	0
コンテックス	2	2	2	3	0	2
楠橋紋織	3	1	2	1	3	2
B社	3	3	1	0	2	1

出所：インタビューにより筆者作成

体制を構築しているか，取引先企業が何社あるかを明らかにした。表4-3はそれぞれのタオルメーカーの分業ネットワークをまとめたものである。上記の生産工程の内，後工程の糊抜き，シャーリング，および後染めの染色については，先晒しの染色工程の取引先と重複している場合が多いので省略している。また縫製についてはヘム縫いと二次加工の縫製の取引を含んでいる。表4-3から明らかなように，糸，染色，捺染，刺繍の各工程については，一部の例外（七福タオルの糸5社，城南織物の糸4社と染色4社，およびオリムの捺染4社）を除くと，タオルメーカーは1～3社と少数の取引先に集約している場合が多い。他方で縫製に関しては多くの取引先が見られる。タオルメーカー各社でのインタビューによると，一部の取引先については主に生産量の調整のためにスポット的な関係もあるが，概ねこれらの取引先との関係は長期継続的，かつ固定的なものであるとのことであった。同様に，専門企業各社でのインタビューにおいても，取引関係は長期継続的・固定的であることが確認された。

それでは，こうした各企業個別の取引関係は，産業集積全体としては，どのようなネットワークを形成しているであろうか。図4-3は，インタビュー

図4-3 タオルメーカーを中心とした企業間の生産ネットワーク

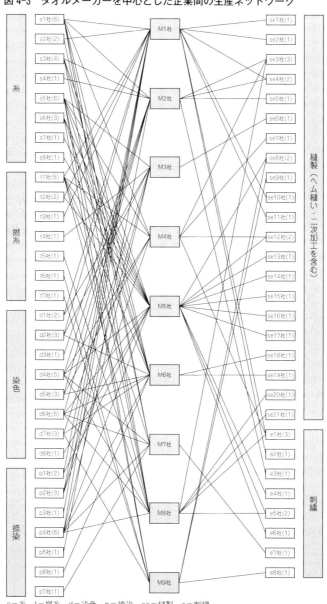

s＝糸，t＝撚糸，d＝染色，p＝捺染，se＝縫製，e＝刺繍
注：（　）内の数字は取引企業数を指す。

出所：インタビューにより筆者作成

で得た主要取引先の企業名の情報をもとに作成したタオルメーカー9社を中心とする企業間の生産ネットワークの全体構造である。調査対象のタオルメーカーは10社であるが，このうち，取引先の企業名を企業秘密としているタオルメーカーが1社あったため，図からは割愛している。なお，第2章の岡山ジーンズ産業集積と同様，取引先が特定できないように図中では企業名を記号で表示している。

　図4-3から明らかなように，各タオルメーカーが取引をしている専門企業が重複していることによって，各タオルメーカーの分業ネットワークは飛び地として存在するのではなく，集積全体のネットワークが形成されている。上記のように糸，撚糸，染色，捺染に関しては，タオルメーカー側は，1～3社に取引先を集約しているが，専門企業側では，糸のs1社，s5社，撚糸のt1社，染色のd4社，d6社，捺染のp4社など，調査対象タオルメーカーの過半数の企業と取引関係がある企業が存在している。他方で縫製と刺繍に関しては，1社のタオルメーカーとしか取引をしていない企業が多い。この点に関しては，縫製や刺繍に関しては，規模の小さな個人事業が多いため，各タオルメーカーの仕事を専属で受けている場合が多いものと考えられる。

　以上のように，あくまで9社のタオルメーカーの取引関係に基づくものではあるが，同集積内ネットワークは，全体としては広範かつ重複する取引関係のネットワーク（全体ネットワーク）を形成しながらも，それはタオルメーカーを中心とした比較的強い関係を持つ，より有機的な複数の個別ネットワーク（部分ネットワーク）から構成されているということが観察できた。こうしたネットワークの構造は，第2章における岡山ジーンズ産業集積と基本的に同様である。

　では，次にこうした構造を持つ，集積内ネットワークの機能について見ていこう。

5. 集積内ネットワークの機能

　今治タオル産業集積においても，岡山ジーンズ産業集積と同様に集積内

ネットワークによって，柔軟な専門化という優位性を実現している。ここでは，当該ネットワーク内の主要単位であるリンケージ企業としてのタオルメーカーと専門企業の役割・能力について述べた上で，ネットワークを通じて柔軟な専門化という優位性を生み出すプロセスについて述べる。さらに，こうしたネットワークの機能の支援・強化に関して，四国タオル工業組合の役割について述べる。

5-1. 各単位の役割と能力
1）リンケージ企業としてのタオルメーカー

まずは，集積内ネットワークの頂点であるタオルメーカーの役割と能力から見ていこう。上記のように，タオルメーカーは，タオルの生産工程の中でも核となる製織を担っているため，その意味ではタオルメーカー自身が生産面での重要な専門企業といえる。ただし，ここでは，集積全体の優位性にとってより重要なリンケージ企業としてのその役割に焦点を当てる。

詳しくは第6章で述べるが，従来，今治タオルメーカーは，問屋取引を通じたOEM生産を主なビジネス形態としてきた。四国タオル工業組合でのインタビューによると，昭和40年代から同集積においてライセンスブランドのOEM生産が始まり，40年代後半にピークを迎えたとのことである。この時期には，問屋が独自に海外ブランドのライセンスを取得し，今治のタオルメーカーに生産を委託していた。具体的にはミッソーニ，ランバン，ディオール等欧米のハイブランドである。こうしたハイブランドのタオルのライセンス生産は昭和50年代になって沈静化するが，その後も企業の販売促進用のタオルやコンサート等の販売グッズとしてのタオルなど，問屋側が企画したタオルのOEMが一般化していった。このように，従来の今治タオル産業集積では，問屋依存型の販売が長らく続いていた。しかし1990年代に入ると，バブル崩壊による需要低迷，安価な海外製タオルとの競争から，従来の問屋取引を通じたOEM生産というビジネスモデルは大きな打撃を受けるようになった。問屋側が今治から中国製のタオルへと調達先を変更したのである。

こうした状況を受け，同集積では問屋依存型の販売からの脱却が図られてきた。前掲表4-2に示したように，調査対象企業の現在のビジネスモデルは，自社ブランド製品を小売店に直販するタイプと問屋取引を通じたOEM生産を維持しているタイプとに大別することができる。いずれの場合も，タオルメーカーはリンケージ企業として市場と集積とを結びつける役割を果たしている。

　前者の場合，独自ブランドのタオル，および自社企画のOEM製品を，問屋を経由せずに直接小売店に販売している。この場合の小売店とは，例えば東急ハンズや大手百貨店のような東京・大阪等の都市部の大型小売店から，全国の地方の小さな雑貨店までが含まれる。自社ブランド型の企業は，展示会や自社の営業所を通じて日本全国の小売店を開拓している。さらにこれらの小売店を通じてマーケティングを行い，市場ニーズに合わせたタオルを企画・開発している。ここではオリムのケースを見ていこう。オリムの場合，年間で約1400社程度の小売店と取引がある。その中でも特に約200社程度の重点顧客との間で，販売動向や製品企画等に関する情報のやりとりをしている。さらにこの200社のうち，約50社程度の小売店は1年間をかけて営業担当者が訪問し，フェイス・トゥ・フェイスで話し合いを行っている。こうした自社ブランド型のタオルメーカーは，第2章における岡山のジーンズ自社ブランド企業と同様，産地の製品を自ら全国市場に展開して市場と集積とを結びつける商人的リンケージ企業といえる。

　他方で後者のOEM維持型の企業もまた，リンケージ企業としての役割を果たしている。これらの企業の多くは，直接小売店とリンクしているわけでないが，従来の問屋取引を維持することによって，集積に多くの需要を持ち込んでいる。ここで指摘したい点は，これらのOEM維持型の企業は，問屋制の流通形態に組み込まれ，市場と分断された受動的な立場ではないという点である。つまりOEM生産と言っても，完全に問屋側の企画で生産しているわけではない。OEM維持型の企業は問屋との話し合いを通じて，ライセンスブランドのタオルを共同で企画していく。その際，OEM維持型の企業の多くは，企画力や提案力を自社の優位性としている。すなわち，提示された図案・柄をタオルでどのように表現するか，どういった加工が最も良

いかといった点を問屋側に提案する。OEM維持型の企業は，こうした問屋との密接な相互作用を通じて，市場と産業集積とを結びつけている。さらに，OEM維持型の企業のすべてが，一部自社ブランドも展開している。例えば，今井タオルの場合，2004年から，一部自社ブランドビジネスも開拓している。前掲表4-2に示した通り，調査時点において金額ベースで見た売上の約10%が自社ブランド製品であり，東京の直営店で自社ブランド製品を販売している。また楠橋紋織も，2004年から「kusu」という自社ブランド製品の販売を開始し，さらにOEM生産以前に使用していた自社ブランド「ダブルスター」も復活させている。

2）専門企業の能力

次にタオルメーカーの生産を支える専門企業の能力について見ていこう。調査対象企業の3社の専門企業は，いずれも独自の機械設備やノウハウ等の高度な専門能力を有している。ここでは専門企業の能力のケースのひとつとして染晒加工メーカーの大和染工のそれについて述べる。

上述のように，大和染工はタオルの生産工程の内，先晒しの染色工程と製織後の後工程を手掛けている。糸の漂白・染色工程は，基本的にコンピュータ制御の機械設備を主体とした装置産業的な工程である。同社の専門能力は，そうした機械設備に集約された高度な独自技術にある。ここでは，同社独自の技術として，チーズ無人化プラント，およびオゾン漂白について述べる。

まず前者に関して，従来の染色工程は現場の職人の技能や熟練に大きく依存しており，例えば，「この色は，こいつじゃないとなかなか色が出ない」というような場合も多かった。同社ではこのような状況を解消するために，1989年に世界で初めてコンピュータ制御による全自動染色機を開発し，チーズ染色工程を無人プラント化した。当初は世界中の染色工場からたくさんの視察が訪れたとのことである。

後者のオゾン漂白も2006年に同社が開発した世界初の技術である。現在，精錬漂白工程では主に過酸化水素や塩素によって漂白を行っているが，通常100度以上の熱湯を使用することや，加工に使用する化学薬品が廃液となるなど環境上の負荷が問題となっている。同社が開発したオゾン漂白の場合，

常温の水で漂白できるためエネルギー使用量が大幅に減ることに加え，化学薬品の使用も少ないため排水への負荷も少ない。さらに過酸化水素による漂白の場合，約7-8%と糸が目減りするのに対して，オゾン漂白の場合は2%しか目減りしないため，柔らかい風合いのタオルに仕上がるという効果もある。例えば，今治タオル産業集積では，コンサートの販売グッズ用のタオルの注文も多いが，現在では多くのアーティストが環境に配慮したコンサートを行っているため，販売グッズに関しても環境に優しい製品が求められる場合が多い。環境に配慮したタオルの生産において，同社の技術は大きな優位性を持っている。

　以上の設備機械は，設備メーカーとの話し合いを通じたカスタマイズ設備である。また一部の染色機は，地元の鉄工所と協力して内製している。

5-2. 各単位間の相互作用

　リンケージ企業としてのタオルメーカーが有する市場情報と専門企業が持つ技術情報とは両者の取引に伴う相互作用を通じて結びつき，柔軟な専門化という優位性を生み出している。タオルの企画・生産において，部分ネットワーク内のタオルメーカーと各専門企業は頻繁に情報交換を行っている。

　多くのタオルメーカーは展示会に合わせて年1回から2回の新製品企画を行う。例えば，6月に行われる「インテリアライフスタイル展」を軸にする場合，大体10月・11月ぐらいから企画を開始し，試作品をいくつか作ってから展示会に出展する。展示会での反応を見た上で，実際に量産が開始されるのが9月位になる。他方で，小売店や問屋から新しいタオルの企画も年中飛び込んでくる。各タオルメーカーはこうした企画ごとに，部分ネットワークを構成する各専門企業に対して，糸の素材や風合い，色の出し方，プリントの仕上がり具合等について詳細な注文を出す。このようにタオルメーカーと専門企業とは頻繁な情報交換を通じて試作品から完成品へと市場ニーズに合わせた新企画のタオルを仕上げていくのである。

5-3. 四国タオル工業組合の役割

今治タオル産業集積においては，四国タオル工業組合もサポート機関として集積内ネットワークの中で重要な役割を果たしている。ここでは，同組合が主導した「今治タオルプロジェクト」の事例を中心に，同組合が今治タオ

表 4-4　今治タオルブランドの品質基準

	試験項目	試験方法	合格基準
タオル特性	吸水性	JIS-L1907/ 沈降法	5 秒以内 「未洗濯」と「3 回洗濯」の 2 回の検査に両方とも合格
	脱毛率	JIS-L0217 洗い方 103 法 (タオル検法)	パイル　　　　0.2% 以下 無撚糸　　　　0.5% 以下 シャーリング　0.4% 以下
	パイル保持性	(タオル検法)	BT・KT　2.45cN/ パイル以上 FT・WT　2.16cN/ パイル以上
染色堅ろう度	耐光	JIS-L0842 / カーボンアーク法	4 級以上（パステル色および淡色 3 級以上）
	洗濯	JIS-L0844/ A-2 号法	変退色　4 級以上 汚染　　4 級以上
	汗	JIS-L0848	変退色　4 級以上 汚染　　3-4 級以上
	摩擦	JIS-L0949（Ⅱ型）	乾燥　4 級以上 湿潤　2-3 級以上（濃色及び顔料プリントは 0.5 級下げる）
物性	引張強さ	JIS-L1096 A 法 /（ラベルドストリップ法）	縦　147N 以上 横　196N 以上
	破裂強さ	JIS-L1096 A 法 /（ミューレン形法）	392.3kPa 以上
	寸法変化率	JIS-L1096 G 法 /（電気洗濯機法）	± 7% 以内
	メロー巻き部分の滑脱抵抗力	JIS-L1096（タオル検法） / 滑脱抵抗力ピン引掛け法準用	縦　20N 以上 横　30N 以上
有機物質	遊離ホルムアルデヒド	厚生省令第 34 号 アセチルアセトン法	吸光度差 0.03 以下

出所：四国タオル工業組合 [2013]

ルのブランド化・高品質化に果たした役割について述べる。

　同組合は，2006年度から国の「JAPANブランド育成支援事業」の援助を受け，「今治タオルプロジェクト」をスタートさせ，同年にアートディレクターの佐藤可士和氏を起用して「今治ブランド」のマーク・ロゴを制作した。その際，吸水性や安全性をはじめとする厳格な品質基準（表4-4参照）を設け，品質検査をマーク・ロゴの使用の認定条件とした。さらに国内展示会への出展やテレビ・雑誌等でのメディア・プロモーションを通じて，ブランド認知度の向上を図った。四国経済産業局および四国タオル工業組合の調査によると，今治タオルの認知度は，プロジェクト開始前の2004年の36.6%から，2012年には71%へと上昇したという[4]。こうした四国タオル工業組合の取組みは，タオルメーカーが高品質タオル市場という新たな市場を開拓していく上で大きな役割を果たしたものと考えられる。

6. おわりに

　以上，本章では，今治タオル産業集積を対象に，集積内ネットワークの構造と機能について分析してきた。同集積においても，構造と機能の両面において，基本的には前章における岡山ジーンズ産業集積の場合と同様の集積内ネットワークのメカニズムが観察できた。すなわち，同集積では，部分ネットワークにおけるタオルメーカーと専門企業との密接な相互作用を通じて市場ニーズにあった製品を柔軟に提供する一方で，全体ネットワークによって集積全体としての生産規模を確保している。

　さらに今治タオル産業集積のケースは，商人的リンケージ企業に関する仮説の妥当性についても示唆している。冒頭に示したように，同集積は，2010年から6年連続で生産量を増大させている。この要因のひとつとして，同集積が自社ブランド型のタオルメーカーを中心として，高品質タオル市場という新たな市場を開拓してきたことが指摘できる。こうした自社ブランド企業は，日本全国の小売店に産地のタオルを直接販売することで市場と集積とを

---

[4] 経済産業省［2014］，p.130.

結びつけているという意味で，正に商人的リンケージ企業である。上述の四国タオル工業組合の「今治タオルプロジェクト」の取組みの効果もあり，こうした商人的リンケージ企業が内生的に発展したことによって，同集積はその優位性を維持・発展させることが可能であったと考えることができる。

第5章

ダイナミズム1：集積内ネットワークの形成と発展

1. はじめに

　前章では，タオル関連企業13社におけるインタビュー調査に基づき，愛媛県今治市を中心としたタオル産業集積内ネットワークのメカニズムについて分析した。分析の結果，同集積においても，岡山ジーンズ産業とほぼ同様の集積内ネットワークのメカニズムが確認できた。すなわち，まずネットワークの構造に関して，同集積内ネットワークは，全体としては広範かつ重複する取引関係のネットワーク（全体ネットワーク）を形成しながらも，それは各タオルメーカーを中心とした比較的強い関係を持つ，より有機的な複数の個別ネットワーク（部分ネットワーク）から構成されている。またネットワークの機能についても，部分ネットワークにおけるタオルメーカーと専門企業との密接な相互作用を通じて市場ニーズにあった製品を柔軟に提供する一方で，全体ネットワークによって集積全体としての生産規模を確保している。また，現在では，自社ブランド型のタオル企業が商人的リンケージ企業として，市場と集積とを結びつける役割を果たしている。

　以上を踏まえ，本章の目的は，こうした集積内ネットワークの形成・発展プロセスについて歴史的な考察を行うことにある。以下，本章では，郷土史，業界史等の二次資料，ならびに筆者が行ったインタビュー調査結果に基づいて考察を行う。その際，第3章と同様に，第1章で提示した集積形成の要因，ソーシャル・キャピタル，企業家精神の3つの視点から考察していく。本章の構成は以下の通りである。まず第2節では，同地域が江戸時代の綿産地からその後のタオル産地へと発展していった歴史的プロセスを概観する。ここでは，同地域の繊維産業（綿業）が，典型的な農村工業として農村を中心

とした血縁・地縁のネットワークに組み込まれながら，継続的に新たな製品を導入することで発展してきたことを指摘する。続く第3節では，戦後のタオル産業集積内ネットワークの発展プロセスについて取り上げる。ここでは，多くの独立開業によって関連業種，企業数が増加しタオル生産の分業ネットワークが拡大してきたプロセスとその要因について議論する。最後に第4節で本章の議論を要約し，結論を述べる。

2．綿織物産地からタオル産業集積へ

2-1．今治綿業の歴史[1]

今治市においては，奈良時代には養蚕・製織業がすでに興っていたが，綿織物産地としての今治の歴史は江戸時代に始まる。当時，今治地域もまた全国有数の綿花栽培地であったが，18世紀初頭に同地区の商人柳瀬忠治義達が農家の婦女子によって製織された白木綿を仕入れ，大阪へ運び販売した。この白木綿の仕入方法は，木綿商が実のついた棉を農家に運び，製織した白木綿と交換するというもので，「棉替木綿」と呼ばれる。これが今治綿業の嚆矢とされている。このように，前述の児島地区を中心とした岡山ジーンズ産業集積と同様，今治タオル産業集積においても，そもそも今治が棉産地であったことが集積形成の要因となっている。

その後，柳瀬以外の業者も現れ，商品生産が増加した。ただし，商品生産の増加によって棉不足となったため，大阪・讃岐・備後から原棉を仕入れ，地元の棉の自給率は10分の1程度であった。江戸期において，白木綿工業は今治藩の監督下に置かれていた。明治維新後は，藩の監督から離れ，営業の自由が認められたため，業者の数は増加し，生産額は，明治10年（1877年）には年産40万反となった。しかし，その後は紡績糸を使用する泉州，播州地方の高品質低価格品が市場に現れ，さらに海外からの輸入も加わり，明治18年（1885年）には，今治木綿の生産額は1万8000反にまで減少し

---

[1] 以下，今治綿業に関する本項の記述は主に今治郷土史編さん委員会（編）[1990a，1990b]を参照とした。

た。その後,明治21年（1888年）に紡績糸の移入,翌22年（1889年）には同業組合の設立,および伊予木綿株式会社の設立などによって品質向上・価格低廉化を図り,白木綿工業は再興した。明治28年（1895年）には,日清戦争による軍需用包帯木綿需要の増大もあり,生産額は500万反弱を記録した。しかし,日清戦争後は不況による価格の大暴落があり,伊予木綿株式会社は明治36年（1903年）に解散となった。その後も白木綿工業の衰退は続き,大正12年（1923年）に今治地方から姿を消すこととなった。

　明治時代に白木綿工業に代わって今治綿業の主力となったのが,明治19年（1886年）に矢野七三郎[2]によって創業された綿ネル業である。矢野は,不振に陥った白木綿工業に代わる産業として,当時流行していた紀州ネルに注目した。矢野は産地である和歌山に渡り,綿ネルの調査を行った上で,職人2名を雇い,織機8台を持ち帰り,綿ネル製織を開始した。今治産の綿ネルは,先晒の純白綿糸を綾織し,織物の片面のみを起毛した「白綾片毛ネル」と呼ばれる独自の製品であった。他産地と比較して純白の綿ネルの生産が可能であったのは,市内を流れる泉川の水質による。明治36年（1903年）以後は中国や東南アジア向けの輸出も拡大し,大正6年（1917年）に,年産185万反（1011万円）,翌7年（1918年）には,年産125万反（1358万円）と,それぞれ反数と金額のピークを迎える。しかし,その後は以下のような要因によって綿ネル需要は減退していった。すなわち,当時,綿ネルは足袋の裏地として使用されていたが,洋装化によって足袋から靴下への転換が進み,需要が減退した。さらに大手足袋会社が自社工場で綿ネルの自給を開始した。また輸出に関しては,中国上海で綿ネルの製織が開始されたことによって輸出量が減少した。

　もともと綿ネルの需要期は秋冬が中心であったため,不需要期の副業として綿ネル織機による広幅織物の製織が行われていた。以上のような綿ネルの衰退傾向に伴い,以降は広幅織物が今治綿業の主力となっていった。

2　矢野七三郎に関しては,阿部［1990］に詳しい。

2-2. タオル産業の歴史[3]

今治タオル産業は，明治27年（1894年）の阿部平助によるタオル製織の開始をその嚆矢とする。阿部は，もともと棉替木綿商であったが，明治23年（1890年）から綿ネル製織を開始した。彼は大阪出張の際にタオルを目にし，その将来性に着眼した。タオルを購入して今治に戻った阿部は，その製織方法を研究した上で，大阪から織機を買い入れ，タオル製織を開始した。ただし，その後すぐにタオル製織が今治に普及したわけではない。阿部のタオル事業は不振に陥り，大正5年（1916年）にはタオル事業から撤退している。阿部以外にもタオル製織を手掛けた企業家が数名いたが，いずれも大きな成功を収めることはできなかった。今治タオル産業が本格的に開始されたのは明治43年（1910年）からである。その立役者となった企業家が，麓恒三郎であった。麓が発明した「二挺式バッタン（麓式織機）」と呼ばれる

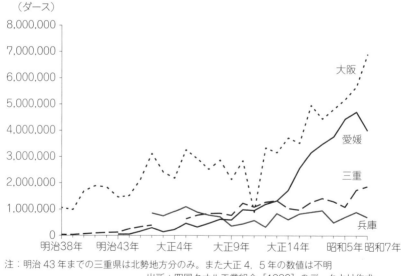

図5-1　主要タオル生産地の生産数量の推移（明治38年‐昭和7年）

注：明治43年までの三重県は北勢地方分のみ。また大正4，5年の数値は不明
出所：四国タオル工業組合［1982］のデータより作成
（原データは日本タオル工業組合聯合會（編）［1935］）

3　以下，タオル産業に関する本項の記述は主に四国タオル工業組合［1982］，および阿部［1998］を参照とした。

新しい織機がタオル生産の効率性を飛躍的に高め，新規業者が増加した。また同時期に，中村忠左衛門が先晒縞タオルを考案し市場で成功した。中村もまた，大阪出張をきっかけとして先晒縞タオルを考案したという[4]。こうしてタオル製織は白木綿業者，綿ネル業者に注目され，多くの転向者が生まれ，今治タオル産業の基盤が確立したのである。その後，今治のタオル生産は順調に拡大し，大正期には三重県を抜いて，大阪府に次ぐ全国第2位の生産量となった（図5-1参照）。

2-3. 今治綿業発展の要因

　以上，今治地域における初期の綿織物産地からその後のタオル産業発展に至る歴史的プロセスを概観してきた。今治綿業の発展の要因として，ここで指摘したい点は以下の2点である。第1に今治における綿業は典型的な農村工業であり，農業部門の労働力を活用しながら，農村に組み込まれる形で発展してきたということである。先述の通り，当初の棉替木綿は農村の労働力を活用していたが，ほかの機業地と同様，その後の今治の綿業においても，いわゆる出機制度によって生産が行われていた。

　例えば，神立・葛西［1977］は，明治後期の今治綿ネル業においては，農村部に小規模工場の簇生が見られることを指摘した上で，その歴史的な発展過程を詳細に検証している。綿ネル業展開の中心となった越智郡は，明治前期において一戸当たりの農産収入による所得がきわめて小さく，農業のみではとうてい生活を維持しえないような農家が広汎に存在していた。他方で，広汎な地主制の展開がありながらも集積規模の大きいものは少なく，越智郡は中小地主の卓越する地域でもあった。このことは，機業労働に従事する豊富な労働力が存在すること，また，土地収入のみでは安定的な存立が容易ではない中小地主層の広汎な存在を示していた。こうした地主層が小機場を設立し，豊富な農村婦女子労働力を活証して綿ネル生産を開始したのである。こうした農村部の小工場は，有力綿ネル業者から加工した原料糸の供給を受けて，それを製織して綿布を納入していた。

4　阿部［1998］，p. 118。

Part 2　今治タオル産業集積内ネットワーク

　このように今治の業者のほとんどは賃織業者であり，昭和18年（1943年）時点において，広幅織物業者の約80％，タオル業者の約70％が賃織専業者であった。ここで特筆すべきことは，賃織契約の両当事者間の関係についてである。今治において両者は，「縁故関係極めて深く互いに昵懇なることを常として居た」[5]ため，他産地ほど酷烈な対立関係はなかった。また，タオル産業においても，「戦前の女工員は家族内の婦女子及び親類知人のものを主体となし，同一部落又は同一町村内のものを糾合し，極めて家族的親和的空気の中に吸収されていた。〜（中略）〜　かくて経営主と工員との関係は，ただ一片の雇傭関係ではなく，家族的保護の下に結成されたる，情愛的関係が存続していた」[6]。このように，同地域の綿業は農村を中心とした血縁・地縁関係に組み込まれる形で発展していったのである。この点については，第3章で考察した児島地区を中心とした岡山ジーンズ産業集積の歴史との類似性が指摘できるが，おそらくは農村工業から綿産地として発展してきたほかの多くの産業集積に共通する特徴であると考えられる。一般的に日本の農村において血縁・地縁のネットワークは強固なものであり，多かれ少なかれ，ほとんどの産地型の産業集積では，これらのソーシャル・キャピタルに基づいて中小・零細企業の分業ネットワークが形成されてきたと推察することができる。

　第2は企業家の役割についてである。上で見てきたように，棉替木綿による白木綿工業から綿ネル，タオルへと，今治綿業は常に新たな製品を持ち込むことで生産を維持してきた。そして，そうした新製品の導入を担ったのが矢野七三郎，阿部平助，中村忠左衛門等の進取の気性に富んだ企業家達であった。彼らは，産地と市場とを結びつけるネットワーカーとしての役割を果たしてきた。こうしたネットワーカーとしての企業家達が継続的に出現したことで同地域の綿業は発展してきたと考えられる。この点についても，やはり岡山ジーンズ産業集積内ネットワークの発展プロセスと類似性を持っている。第3章で述べたように，児島地区を中心とした岡山の場合は，もとも

5　今治郷土史編さん委員会（編）[1990b]，p.366
6　今治郷土史編さん委員会（編）[1990b]，p.402

と域内の瑜伽大権現が多くの参拝者を集め，大きな市場が存在したことにより市場動向に意識的な産業集積が形成された。このことが新たな製品を集積に持ち込む企業家が継続的に生まれた要因のひとつとなった。では，今治において，こうした企業家達が継続的に生まれた要因はどこに求められるであろうか。ここで指摘したいのは，大阪との関係である。上記のように棉替木綿商の嚆矢である柳瀬忠治義達のビジネスは大阪への販売から開始された。また，阿部がタオル生産を着想した契機も，中村が新たなタオルを考案した契機も，いずれも大阪出張であった。今治地区は古くから海上交通の要衝であり，7世紀には伊予国の国府が置かれていた。西日本最大の商業都市である大阪と今治との海上交通は長い歴史を有しており，今治の企業家・商人達は大阪を通じて新たな製品を今治に導入してきたのである。

他方で，今治の郷土史には，別の見解もある。今治は明治12年（1879年）に四国で最初のキリスト教会が設立された地である。阿部 [2004] によると，上記矢野はクリスチャンであり，大阪で紀州ネルが流行しているという情報は，教会の牧師から得たという。また越智 [2012] は，矢野のほか，上記阿部平助，麓恒三郎，中村忠左衛門も全て今治教会の信徒であったことを指摘している。その上で，「教会組織を母体としたコミュニティーを通して信徒たちは，西洋の進んだ学問・知識を受容できたために，各地の教会は最新の情報発信基地として機能していた」，また「今治の信徒たちは町人を中心に絆を深め，職業倫理に生きることが，日本の近代化を推し進めると信じた」と述べている。こうしたキリスト教思想が今治における企業家の進取の気性につながったと考えることができる。

3. タオル産業集積内ネットワークの発展

3-1. 分業ネットワークの発展プロセス

以上を踏まえ，次にタオル産業集積内の分業ネットワークの発展プロセスについて見ていく。第4章でみてきたように，現在，産業集積内には，タオルメーカーを中心に，紡績（糸商），撚糸，染色，捺染，縫製，刺繍等，専

門業者との分業ネットワークが存在している。こうした分業ネットワーク自体はすで戦前に形成されていたが，その規模は小さかった。すなわち，戦前においては，「糸商，晒場，タオル工場が主にみられた」程度であり，「産地規模はきわめて小さく，それぞれの業者数も少なかった」[7]。その後，戦後になって，関連業種，企業数ともに増大し，集積内ネットワークは拡大していく。

まずタオル企業数の増加からみていこう。大正から戦時中にかけて今治には数十のタオル工場が存在したが，空襲の影響によって終戦時に残ったのはわずか9工場のみであった（表5-1参照）。この時期にタオル生産も停滞を

表5-1　今治におけるタオル工場数と織機台数（大正7年～昭和27年）

年次	工場数	織機台数	年次	工場数	織機台数
大正7年	38	不明	11年	不明	不明
8年	不明	〃	12年	〃	〃
9年	〃	〃	13年	〃	2,153
10年	50	1,216	14年	〃	不明
11年	49	866	15年	〃	2,420
12年	54	961	16年	82	2,296
13年	52	626	17年	不明	2,140
14年	56	1,086	18年	54	2,140
昭和元年	70	1,317	19年	23	823
2年	89	1,569	20年	9	275
3年	77	1,480	21年	不明	不明
4年	72	1,463	22年	〃	〃
5年	70	1,524	23年	28	1,088
6年	不明	不明	24年	45	1,150
7年	〃	〃	25年	54	1,273
8年	〃	2,165	26年	66	2,051
9年	〃	2,073	27年	73	2,277
10年	〃	不明			

出所：四国タオル工業組合［1982］，p.54

7　四国タオル工業組合［1982］，p.95

図5-2 タオル企業数の推移（昭和29年以降）

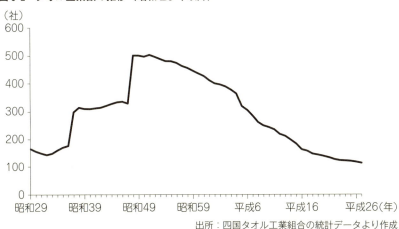

出所：四国タオル工業組合の統計データより作成

余儀なくされるが，戦後に生産量は拡大し，タオル企業数も大幅に増加していく。図5-2は，四国タオル工業組合の統計から作成したタオル企業数の推移である。特に昭和30年代後半，および同40年代後半に企業数は急拡大し，昭和51年（1976年）に504社とピークを迎える。

こうしたタオル企業の増加によって，当初から存在していた染晒部門も拡大していった。明治から末期から大正初期にかけては，明治42年（1909年）創業の二宮染晒工場，同31年（1898年）創業の真木染織と今治の染色工場は2つのみであったが，大正14年（1925年）に5工場，昭和3年（1928年）に7工場，昭和14年（1939年）に14工場へと拡大した。戦後も染色企業数は増加し，昭和30年代に20社をはじめて超えた。表5-2は1981年時点の染色組合の創業年を示したものである。21社の加盟企業のうち，昭和30年代に最も多くの企業が創業していることがわかる。

さらにタオルの製品としての進展に伴い，新工程が付加されたことによって，捺染や撚糸などの業種が発展し，企業数も増加していった。まず前者に関して，タオルのプリント加工業が登場するのは昭和30年代に入ってからのことである[8]。表5-3は，昭和50年代初期の捺染業者の創業年を示したも

8　四国タオル工業組合［1982］，p.171

表5-2 創業年代別染色企業数

創業年代	企業数
昭和20年以前	4
20年代	2
30年代	9
40年代	3
50年代	3
合計	21

出所:四国タオル工業組合[1982],p.158

表5-3 創業年代別捺染企業数

創業年代	企業数	構成比
大正	0	0
昭和元年~20年	1	2
21~30年	1	2
31~35年	6	11
36~40年	16	28
41~45年	21	36
46~51年	12	21
合計	57	100

出所:四国タオル工業組合[1982],p.172

のである。昭和30年代半ばから40年代半ばにかけて多くの捺染業者が創業されたことが分る。例えば，筆者がインタビューを行った捺染企業の黒田工藝の創業は昭和36年（1961年）である。もともとは紋紙企業としての創業であったが，創業後数年でプリント加工業が中心となった。

後者に関して，撚糸がタオルの製織に本格的に使用されるようになったのも昭和30年代に入ってからのことであり，40年代に入ると近隣農家の副業や専門の撚糸企業も増加していった。特に撚糸業者が急激に増加したのは昭和47年（1972年）頃であり，昭和54年（1979年）には，撚糸工業組合加盟企業80，非加盟企業27の合計107社の撚糸企業が存在した。例えば，筆者がインタビューを行った撚糸企業C社の創業は昭和43年（1968年）であり，もともとは農家の兼業から事業を開始した。

3-2. ネットワークの発展要因——独立開業と血縁・地縁

以上のように，今治タオル産業集積においては，関連業種，企業数の増大によって集積内ネットワークが発展していった。では，なぜ同地域においてこうした関連業種，企業数の拡大が見られたのであろうか。その要因として，従来の綿業，およびタオル関連企業からの多くの独立開業が指摘できる。

表5-4は，昭和30年（1955年）6月時点の調査で，昭和25年（1950年）

3月以後に開業したタオル企業の開業の経緯を示したものである。「タオル工場の男工または事務員」の独立が最も多く，タオル関連や繊維業者の転業や兼業も大きな構成比を占めている。こうした独立開業に関しては，筆者が

表5-4　昭和25年3月以後開業の今治市内タオル工場の開業の経緯

開業の経緯	企業数	構成比
タオル工場の男工または事務員	26	32.9
タオル問屋の事務員	1	
綿布工場の事務員	2	
綿ネル業者，タオル業者の一族の財産分けを兼ねた開業	2	9.1
兄の工場で働いていた者の独立開業	5	
兄の死去に伴い，弟が経営を継承	1	
広巾織物業者の兼業	5	18.2
晒・染色業者の兼業	3	
鉄工所経営者の兼業	7	
鉄工所経営者の親戚が，その兼業部門のタオル工場を委託されたもの	1	
化粧品商の開業	1	9.1
造り酒屋の開業	1	
魚問屋の開業	1	
農機具店主の開業	1	
石炭船々主の開業	2	
農家の開業	2	
メリヤス業者の転業	1	3.4
綿ネル業者の転業	1	
澱粉製造業者の転業	1	
教員の開業	1	2.3
工業試験所の所員	1	
以前に本人または身内がタオルに関係していた，有経験者の開業	11	12.5
不詳・未調査分	11	12.5
合計	88	100

出所：四国タオル工業組合［1982］p.76

行なったタオルメーカーへのインタビューでも多く確認することができた。例えば，織鶴タオルは，もともとほかのタオル企業に勤めていた経営者が独立開業した企業である。またコンテックスや城南織物，楠橋紋織，B社といった大手タオルメーカーからは過去に従業員が独立してタオル企業を設立したケースがあったとのことである。こうした独立開業の多さは，タオル企業に限定されるものではない。例えば，紋紙企業の場合，「開業者の大半が紋工所の従業員」[9]であり，捺染企業の場合，「従業員が独立していったという事例が豊富にあ」った[10]。前出の黒田工藝でのインタビューによると，もともと同社は四国工芸という捺染企業からの独立であり，四国工芸からはほかにも独立した企業があったとのことである。さらに過去には黒田工藝から独立開業したケースもいくつかあった。またインタビューを行った染色企業の大和染工も繊維関連業からの独立によって開業された企業である。

　こうした多くの独立開業が可能であった要因のひとつとしてここで指摘したい点は，上述のように，今治の繊維産業が農村を中心とした血縁・地縁関係に組み込まれる形で発展してきたという歴史的な要因である。例えば，上記表5-4のタオル企業の開業の経緯では，親類や兄弟関係など血縁にかかわる開業が比較的大きな構成比を占めている。さらにタオル関連の経営者に対するインタビューで得た以下のような言説からは，これまでの集積内ネットワークの取引関係において，血縁・地縁が影響を与えてきたことが推察できる。

「うちの一番大きな取引先は，僕の女房の里です」（X氏）。

「今，メインぐらいなってくれているメーカーさんは，もともと親戚がずっとやっていたところで，そこがなくなったというので，うちにさせてもらってるという関係です」（Y氏）。

9　四国タオル工業組合［1982］p. 168
10　四国タオル工業組合［1982］p. 172

「〇〇（取引先の企業名）というのは，この近所，地元の人が始めたので，始めるときに「やらせてくれ」ということで，「じゃあ，やったらどうだ。仕事は出してやるから」ということから始まりましたね」（Z氏）。

以上のように血縁・地縁のネットワークは，取引先の確保の面でソーシャル・キャピタルとして機能することで，同地域における多くの起業・独立を可能にし，分業ネットワークを発展させる役割を果たしたと考えることができる。

4. おわりに

以上，本章では，愛媛県今治市のタオル産業集積内ネットワークの形成・発展プロセスについて歴史的な考察を行った。最後に本章の議論を要約しておこう。

同集積の起源は，江戸時代の棉替木綿による白木綿工業に溯る。同地域の綿業発展プロセスの特徴としては下記の2点が指摘できる。第1は，典型的な農村工業として，農業部門の労働力を活用しながら，農村の血縁・地縁関係に組み込まれる形で発展してきたことである。第2に，棉替木綿による白木綿工業から綿ネル，タオルへと，常に新たな製品を持ち込むことで産地と市場とを結びつけるネットワーカーとしての企業家達が継続的に出現したことである。

戦後は，タオル関連の多くの独立開業が見られ，関連業種，企業数ともに大幅に拡大し，集積内ネットワークが発展していった。本章では，こうした活発な独立開業の要因として，初期の綿業以来の伝統的な血縁・地縁関係の存在を指摘した。

上述のように，こうした集積内ネットワークの形成・発展パターンは，第3章で見てきた岡山ジーンズ産業集積内ネットワークのそれと類似性を持っている。両者ともに綿花の栽培を契機に綿織物産業集積が形成され，農村工業として，農村を中心とした血縁・地縁に組み込まれながら発展してきた。

そして，こうした血縁・地縁はソーシャル・キャピタルとして，両集積における多くの起業・独立を可能にし，現在へとつながる集積内ネットワークを発展させてきた。さらに，歴史的な要因自体は異なるが，両者ともに新たな製品を集積に持ち込み，市場と集積とを結びつけるネットワーカーとしての企業家が継続的に生まれてきたことも共通している。

　しかしながら，他方で，序章，および第 4 章でも述べたように，今治タオル産業集積は，その後，問屋依存の OEM 生産が主流となり，タオルメーカーは主体的な市場とのリンケージ機能を弱めていった。さらに問屋側が調達先を海外に移したこと，および一部のタオルメーカーも海外生産を行ったことによって集積内ネットワークは弱体化していった。では，なぜ同集積では，こうした問屋依存の OEM 体制から，現在のような商人的リンケージ企業を中心とした集積内ネットワークへと変化することが可能であっただろうか。次章では，この観点から同集積のダイナミズムについて考察する。

第6章

ダイナミズム2：環境変化への対応とセンスメーキング

1. はじめに

　前章では，今治タオル産業集積においても，基本的に岡山ジーンズ産業集積とほぼ同様の集積内ネットワークの形成・発展パターンが見られるということを明らかにした。すなわち，両者とも綿花の栽培を契機に綿織物産業集積が形成され，農村工業として，農村を中心とした血縁・地縁に組み込まれながら発展してきた。そして，こうした血縁・地縁はソーシャル・キャピタルとして，両集積における多くの起業・独立を可能にし，現在へとつながる集積内ネットワークを発展させてきた。さらに新たな製品を集積に持ち込み，市場と集積とを結びつけるネットワーカーとしての企業家が継続的に生まれたことも共通している。

　しかしながら，他方で，両集積は，その後，次のように異なる経路を辿った。岡山ジーンズ産業集積では，問屋を介した流通体制に組み込まれることなく，直営店での販売や小売店への直販を中心とする商人的リンケージ企業によって集積の優位性を維持してきた。それに対して，今治タオル産業集積の場合は，問屋を中心とした流通体制に組み込まれ，問屋依存のOEM生産が主流となり，タオルメーカーは主体的な市場とのリンケージ機能を弱めていった。さらに問屋側が調達先を海外に移したこと，および一部のタオルメーカーも海外生産を行ったことによって集積内ネットワークは弱体化していってしまった。しかしながら，現在では，従来のOEM生産に加え，集積独自の「今治タオル」ブランドに基づく自社ブランド製品や小売店への直販といった従来とは異なるビジネスを展開する企業群，すなわち商人的リンケージ企業群によって集積の優位性が復活している。

同集積では，なぜこうした変化を実現できたのだろうか。この問題について明らかにすることが本章の課題である。この問題を明らかにするためには，新たな分析枠組みを設定する必要がある。本章では，主に Weick［1995］（邦訳［2001］），Porac et al.［1989］のセンスメーキングの枠組みを援用し，同集積における環境変化への対応のダイナミズムについて考察していく。本章の構成は以下の通りである。まず第2節では，産業集積の環境変化への対応に関する既存研究サーベイを踏まえた上で，本章の分析枠組みについて提示する。続く第3節では，第2節で設定した枠組みに基づき，筆者が行ったインタビュー調査結果，および二次資料を用いて，同集積における変化のプロセスについて考察していく。最後に第4節で本章の議論を要約し，結論を述べる。

2. 分析枠組みの設定

　1990年代以降，経済のグローバル化の進展，新興工業国の台頭といったドラスティックな環境変化を受け，国内需要の低迷，安価な海外製品との競争から，国内産業集積の縮小・衰退が指摘されてきた。第1章でも述べたように，従来，産業集積研究は，集積固有の優位性の解明に主眼が置かれてきたが，近年の産業集積研究では，そのような環境変化に対応し，いかに集積固有の優位性を維持していくかという問題に注目が集まっている。

　例えば，遠山［2010］は，産業集積のライフサイクルという概念を導入し，その衰退期に「経路破壊・経路創造」を行う企業によって産業集積が進化すると論じている。その上で同書は日本の鯖江，およびイタリアのベッルーノという眼鏡産業集積において，経路破壊・経路創造を行った企業のケースを紹介している。具体的には，「グローバル市場における市場開拓や流通網の構築，ブランド資源の活用と独自構築，企業買収，新しいタイプの企業の開設など」が指摘されている。また額田・岸本・粂野・松嶋［2010］は，「諏訪地域は，なぜバブル崩壊後も競争優位を維持できたのか」という研究課題を設定した上で，同地域の機械産業集積における広範，かつ詳細なフィール

ド調査を行っている。同書では,「一定レベル以上の技術蓄積とマーケットとの関係構築能力」を持ったコア企業の存在が, 同集積の環境変化への対応と競争力維持の要因であったと結論づけている。「経路破壊・経路創造」,「マーケットとの関係構築」と用語自体は異なるが, 産業集積がその固有の優位性を維持していくためには, 集積内ネットワークの中で, 国内外を問わず新たな市場を見出し, 集積内部に蓄積された技術と結びつける企業の存在が重要であるという見解は, 本書の商人的リンケージ企業の仮説と基本的に共通している。しかしながら, 既存研究では, こうした企業の重要性は指摘されてはいても, 産業集積が, こうした企業を中心とした形へと変化していくプロセスについて十分に明らかにはされていない。すなわち, 産業集積それ自体の有機的存在としての優位性維持のダイナミズムが十分分析されていない。

こうした産業集積それ自体の変化のダイナミズムに関する分析枠組みとして, 本章が援用するのは, Weick [1995], および Porac et al. [1989] のセンスメーキングの枠組みである。Weick [1995] によれば, センスメーキングとは, 文字通り意味を形成する社会的なプロセスのことを指す。経営学の領域では, 主に組織のダイナミズムを分析する際に, センスメーキングの枠組みが用いられている[1]。本章では, センスメーキングの枠組みを用いて, 今治タオル産業集積の変化のダイナミズムについて考察する。

では, センスメーキングとは, どのような概念であろうか。Weick [1995] によれば, それは「自分たちの解釈するものを自分たちが生成する」という特徴を持っており, 以下の7つの特性を有するプロセスである。すなわち, ①アイデンティティ構築に根づいた, ②回顧的, ③有意味な環境をイナクトする, ④社会的, ⑤進行中の, ⑥抽出された手掛かりが焦点となる, ⑦正確性よりももっともらしさ主導のプロセスである。そして Weick [1995] が, センスメーキングのこの7つの特性の例証として取り上げているの

---

1 センスメーキングの枠組みに基づく事例研究としては, 例えば, 台湾日系企業における日本人スタッフと現地人スタッフとの間の「場」の共創プロセスを分析した岸 [2010], 三菱ふそうトラック・バスのリコール遅延問題の意思決定プロセスを分析した高浦 [2006] などがある。

が，Porac et al.［1989］のニットウェア企業集団の分析である。Porac et al.［1989］の分析では，確かに上記7つの特性のすべてに触れられているが，より本質的には，アイデンティティの社会化という側面に主眼が置かれている。Porac et al.［1989］は，Weick［1979］のイナクトメントの概念に基づき，スコットランドのホーウィク地方のニットウェア企業17社の経営者35人へのインタビュー調査から，集団のメンタルモデルを分析した。この研究のメインテーマは，いかにして戦略グループ[2]が形成されるかという点にある。同地域においては，各ニットウェア企業が環境をそれぞれ主観的にイナクトし，それぞれの「アイデンティティ」としてのメンタルモデルを形成していった。個別企業のメンタルモデルは，経営者同士の交流，および素材部門や販売先などの取引先との相互作用を通じて，「社会的」にホーウィック地方の集団的なメンタルモデルへと変化していった。その結果，ほかの地域の業者とは異なるホーウィック地方独自の戦略グループが形成されたのである。このように Porac et al.［1989］では，個別企業のイナクトメントを通じたセンスメーキングが社会化され，戦略グループ全体のアイデンティティの形成につながるプロセスを描いている。

　本章では，以上の Weick［1995］，Porac et al.［1989］を参照し，産業集積の変化のダイナミズムを，集積内部の各企業のセンスメーキングの社会化を通じて新たなアイデンティティが構築されるプロセスとして捉える。ただし，加藤［2011］が指摘するように，Porac et al.［1989］のモデルは，「自己強化的な過程に基本的な関心が寄せられている」（p. 101）という問題点がある。産業集積のダイナミズムを分析するためには，ある特定のアイデンティティの形成過程のみでなく，さらに時間軸を広げて，アイデンティティの変化の側面に焦点を当てる必要がある。

　以上を踏まえた上で，本章では，集積内の各企業のセンスメーキングに関する2つの分析項目，および集積全体の変化に関する2段階のフェーズを設定し，産業集積のダイナミズムを分析する。まず前者に関して，本章で

---

[2] 「戦略グループ」とは，同一産業内において，類似する戦略を採用している一連の企業群のことを指す。詳しくは Poter［1980］（邦訳［1982］）を参照。

は，各企業のセンスメーキングの結果として①アイデンティティ，および②ビジネスモデルの2つを設定する。ここに言うアイデンティティとは，各企業が自社のビジネスやその優位性をどのように認識しているかということである。そしてビジネスモデルとは，アイデンティティの具現化であり，どのような形態で，どのような製品を生産・販売しているかを指している。次に後者に関して，本章では次のような2段階のフェーズを設定する。フェーズ1は，環境変化の前段階であり，これまでのセンスメーキングを通じて，集積内部のアイデンティティとビジネスモデルが社会化されている段階である。フェーズ2は，環境変化を受け，新たなアイデンティティとビジネスモデルが社会化されていく段階である。まず環境変化によって，従来社会化されたアイデンティティとビジネスモデルの有効性が薄れていく。ここで，集積内部の各企業はそれぞれ環境をイナクトしセンスメークを行う。各企業のセンスメーキングは，集積内部での相互作用を通じて収斂し，産業集積全体として新たなアイデンティティとビジネスモデルが社会化されていく。

3. 産業集積のダイナミズムとセンスメーキング

3-1. 生産量の変化から見た集積変化のフェーズ

まずは，生産量の推移から，集積変化のフェーズを設定しておこう。前掲図序-2で示した今治タオル産業集積の生産量の推移によると，1970年代から80年代にかけて生産量は右肩上がりに増加していき，91年に5万456トンとピークを迎える。この期間が上記のフェーズ1に該当する。その後生産量は急激に低下し，2009年には，9381トンと全盛期の20％以下の水準にまで落ち込んだ。しかし，2010年から2015年までは，6年連続で生産量が増加している。90年代初頭は，バブル経済崩壊後の需要低迷，中国をはじめとする安価な海外製タオルの輸入急増といった大きな環境変化の時期であり，92年から現在までの期間がフェーズ2に該当する。

3-2. フェーズ1：下請けとしてのアイデンティティと問屋依存のOEM生産
1）問屋依存とOEM生産

1970年代初頭における各タオルメーカーのセンスメーキングについての詳細は不明であるが、インタビュー結果や各種資料によると、90年代初頭までに集積内で社会化されたビジネスモデルとアイデンティティは以下のように描くことができる。

四国タオル工業組合でのインタビューによると、昭和40年代から同集積においてライセンスブランドのOEM生産が始まり、40年代後半にピークを迎えたとのことである。それ以前は、各タオルメーカーが独自のブランドを持ち、タオルメーカー側で企画した製品を問屋に卸す形態が一般的であった。今治のタオルメーカーの中で、海外ブランドのライセンス生産の嚆矢は、B社である。B社は1972年にヨーロッパのタオルブランドと提携し、ライセンス生産を開始した。この前後に問屋側も独自に海外ブランドのライセンスを取得し、今治のタオルメーカーに生産を委託するようになった。具体的にはミッソーニ、ランバン、ディオール等欧米のハイブランドである。こうしたハイブランドのタオルのライセンス生産は昭和50年代になって沈静化するが、その後も企業の販売促進用のタオルやコンサート等の販売グッズとしてのタオルなど問屋側が企画したタオルのOEMが一般化していった。この期間は、調査対象のタオルメーカー10社のうち、以下のコンテックスと七福タオルを除くすべてのタオルメーカーが、問屋取引を通じたOEM生産を主要なビジネスモデルとしていた。そして当時のタオルメーカーのアイデンティティとしては、基本的に自分達は下請けであり、①問屋側の要求への対応を第一義的な目標とし、独自の製品企画・開発は行わない、②コストを抑えるためにある程度品質を犠牲にするというものであった[3]。さらにこうしたビジネスモデルとアイデンティティは、タオルメーカーだけでなく、取引先である専門企業との相互作用を通じて集積全体で社会化されていった。例

---

[3] 例えば2008年時点の四国タオル工業組合の理事長である藤高豊文氏は、今治タオルが追いつめられた要因を述べた中で、「流通業者を通すため下代が抑えられ、品質が悪くなってしまったこと」、「タオルづくりを問屋の要求に対応することに偏重し、自らのブランドとして売れる商品づくりへ努力する自助努力が不足していたこと」を指摘している（藤高［2008］）。

えば，捺染業の黒田工藝は当初，自社のデザイン部門で独自のデザインを企画していたが，問屋側の企画に合わせた加工が主流になったため，その後デザイン部門は徐々に縮小していった。

2) 自社ブランド型の萌芽：コンテックスと七福タオルのケース

ただし，この時期，コンテックスが自社ブランド，および代理店方式という独自の経営を行っていたことは注目に値する。同社は1951年から自社ブランド「コンテックス」を創設し，代理店を通じて販売するという方式を開始した。当時の経営者の近藤憲司は次のように述べている[4]。

私はこの仕事を始める前に松下電器に勤めていた経験があり，松下電器で学んだ合理精神から目方売りを排して，近藤繊維の製品にコンテックスというブランドを付けて，1枚，1枚売る方式を採っているんです。

産地の我々に，リーダーシップが採れるような形に，需給関係の構造を改革する努力をしないといかんですね。～中略～　タオルだけで見ますと，メーカー上位30社の売上高が400億円ほどなのに，専業問屋の上位30社の売上高は890億円にもなっている。こういう数字を見ても，タオル製造業者にとって，マーケッティングがいかに大切かということが判る筈です。

さらに七福タオルも問屋OEM全盛期のころに自社ブランド方式と小売直販を開始した先駆的な企業である。七福タオルの経営者である川北泰三が家業を継いだのは1985年のことであった。当時の同社は大手問屋1社に依存した形でほぼ100％OEM生産を行っているという状態であった。特に安価なギフト用タオルのOEM生産が主流であったが，川北は以下のように当時のビジネスに不満を持っていた[5]。

---

[4] 以下は，三品［1986］からの引用。
[5] 筆者が行ったインタビューより。以下，出所を明記していない引用は全てインタビューによるものである。

安価なギフトっていうのは，箱の見栄えはいいし，箱づらも見栄えはいいんだけども，開けてみると薄っぺらくて，「何か，こんなタオルは使いたくないみたいな，こんな商品みたいな」って．それに，「なぜうちは自分で使いたくないタオルをつくっているんだろうみたいな」，そういうのが悶々とあって．

今治は，完成品までできる．なぜ，それなのに，パリスだ，ロンドンだ，つけるんだみたいな．なぜ「今治」という言葉はおろか，「七福タオル」の名前なんかも全然，メーカー名にすらしないのかっていうのが，ずっと悶々とあって．

同社が新たな市場をつかむ契機は，以下のようなものであった．川北は大学在学中，落語研究会に所属していた．1987年，プロの落語家になった先輩が二つ目に昇進した際，似顔絵入りのタオルを20本ほどプレゼントした．そのタオルが雑誌に取り上げられ評判となった．この評判を聞きつけた東急ハンズが同社に連絡を取り，そこからオリジナル企画のタオルを直販するビジネスが開始された[6]．

このように，コンテックスや七福タオルなど一部の企業では，このころに独自のセンスメーキングを行い，「主導権を持つメーカー」，「自分が使いたいタオルを作る」というアイデンティティと「自社ブランド方式」というビジネスモデルを構築していた．

3-3．フェーズ2：環境変化とタオル企業のセンスメーキング
1）新たなビジネスモデル

1990年代に入ると，バブル崩壊による需要低迷，安価な海外製タオルとの競争から，従来型の問屋取引を通じたOEM生産というビジネスモデルは大きな打撃を受けるようになった．第4章の表4-2（p.79）において，自社ブランドとOEMの比率，販売形態，および海外生産比率から調査対象企業

---

[6] 本研究以外の七福タオルに関する既存研究としては，板倉［2009］がある．

の現在のビジネスモデルを分類した。上記のように，フェーズ1においては，コンテックスと七福タオルを除くすべての企業が，問屋取引を通じたOEM生産であったが，現在の各企業のビジネスモデルは，第3章でも述べた通り，以下の3つに分類することができる。

第1は，国内生産によって自社ブランド販売を行っている「自社ブランド型」である。ただし，タオルマフラーをはじめとする新用途製品を軸とするオリムや，環境をキーワードとした製品を軸とする池内タオルなど，各企業の自社ブランドの製品展開は様々である。

同様に，四国タオル工業組合が展開する今治タオルショップを中心に製品を販売している織鶴タオルや，全国の小売店に製品を直販している七福タオルなど，販売形態も多様である。

第2はOEM生産を維持しながらも，国内生産を行っている「OEM維持・国内生産型」である。このタイプの企業にも多様性が見られる。すべての企業はOEM生産を維持しながらも，一部自社ブランドビジネスも展開しているが，その比率は企業によって様々である。

また，例えばA社は従来の問屋取引を通じたOEM生産ではなく，全国の雑貨店等の小売店にOEM製品を提供している。

最後に第3は，同じくOEM生産を維持しながらも，海外生産を行っている企業である。今回の調査対象企業のうち，このタイプに当てはまるのは，

表6-1　タオル関連企業の中国進出状況（2008年時点）

企業名	設立年	現地事業所事業内容
旭染色	1992	タオル製品製造
一広	1992	タオル製造
ハートウェル	1992	タオル，タオル縫製品製造
楠橋紋織	1993	タオル製造販売
大和染工	1993	染色整理業
大磯タオル	1995	タオル製品製造
橘屋	1995	タオル製造

出所：村上[2009]，p.14の表7を一部加工して引用

楠橋紋織だけであるが，今治産業集積全体としては，1990年代初頭を中心に数社が海外展開をした（表6-1参照）。

以下，ここでは代表的なケースとして，自社ブランド型の池内タオル，OEM維持・国内生産型の今井タオル，海外生産の楠橋紋織を取り上げ，各企業のセンスメーキングについて見ていこう。

2）倒産の危機から自社ブランド型へ：池内タオルのケース

池内タオルの経営者である池内計司が家業を継いで社長となったのは1983年のことであった。当時は，ほぼ100％が問屋取引のOEM生産であった。同社は1999年に自社ブランドを立ち上げ，安全性の高い素材を使用し，環境負荷の少ない生産設備と風力発電の電力によって生産するタオルを導入した。同社のタオルは，2000年代初頭までに，海外展示会での受賞やマスコミで大きく取り上げられるなど大きな話題となった。ただし，同社はジャガード織のタオルハンカチのOEM生産で利益を得ていたため，こうした環境や安全に配慮した自社ブランドのタオルは「社長の趣味みたいなもの」[7]という位置づけであった。実際，当時の自社ブランド比率は1％ほどであり，同社にとっては，問屋取引を通じたOEMが主なビジネス形態であった。転機が訪れたのは2003年であった。2003年に同社の売上の約70％を占めていた問屋が倒産し，同社は民事再生法を申請した。池内は，会社再生に当たって，以下のように従来のOEM生産を止め，自社ブランド一本に絞ることにした[8]。

OEM先に言われるままの製造を続けていても，中国や東南アジアで生産される安価なタオルとの競争に巻き込まれるだけ。価値観の違うタオルを作らないと生き残れない。そう痛感していた。

同社のアイデンティティは，環境をキーワードに他社とは違う価値観のタオルを製造するというものであり，ビジネスモデルは自社ブランド方式で

7　藤沢［2009］，p.37より引用。
8　江守［2010］より引用。

あった。製品コンセプトは異なるが，他社には生産できない，あるいは他産地には生産できない独自のタオルを生産するメーカーというアイデンティティは，自社ブランド型のタオルメーカーに共通するものである。

3）問屋 OEM を維持しながら自社ブランドを開拓：今井タオルのケース

次に従来からの OEM 生産を維持しながら，一部自社ブランド事業を開拓している今井タオルについて見ていこう。今井タオルの創業は明治 32 年（1899 年）であり，今治タオル産業集積の中でも代表的な老舗タオルメーカーのひとつである。同社はタオルケット生産の先駆的な企業であり，従来からタオルケットの OEM を主要なビジネスモデルとしてきた。上記フェーズ 1 においては，問屋 OEM がほぼ業務の 100% を占めていた。ただし，同社のアイデンティティは上記のように，自社を単なる下請けとして認識するというものではなかった。同社では，伝統的に「難しいものは今井に」[9]と言われるように，OEM 先に対する企画力・提案力が自社の優位性であると認識してきた。同社の売上は最盛期の 1994 年には約 30 億円程度だったが，その後減少し，現在では約 3 分の 1 程度となっている。フェーズ 2 における同社のセンスメークは以下のように描くことができる。同社では，従来からの企画・提案力を自社のアイデンティティとし，中国では生産できない製品を中心に OEM 生産を継続した。現経営者の今井秀樹によると，「中国に持って行かさないための企画力」であり，それは次のようなものである。

絵に描いた 1 枚の図案を，タオルに瞬時に置き換える能力とか，もっとこうしたら売れるよとか，この柄表現はタオル上できないですよっていうのが瞬時にできる。「色数が多すぎますよ」「これやったらプリントのほうがいいですよ」「プリントじゃ無理ですよ」，瞬時に解釈して向こうに提案する能力っていうのが企画力なんですよ。

他方で，2004 年からは，一部自社ブランドビジネスも開拓している。現在金額ベースで見た売上の約 10% が自社ブランド製品であり，東京の直営

---

9 阿部［2006］より引用。

店で自社ブランド製品を販売している。

　従来の下請けとしてのアイデンティティではなく，企画力・提案力，さらにはそれを支える技術力を持ったメーカーというアイデンティティは，OEM維持・国内生産型のタオルメーカーに共通するものである。

4) 海外展開のケース：楠橋紋織のケース

　楠橋紋織の創業は1931年であり，今治を代表するタオルメーカーのひとつである。同社はフェーズ1の時期に，当初から欧米高級ブランドの問屋ライセンスのOEMを手掛け，その後も問屋OEMを主要なビジネスモデルとしていた。最盛期の売上高は約80億円程度あった。フェーズ2において同社は，OEM生産を中国生産によって維持するというビジネスモデルを確立した。同社は，1995年から中国生産を開始したが，2年後には日本と中国の生産比率は逆転し，以後中国生産がメインとなった。金額ベースでみた現在の海外生産比率は国内生産約25%，中国生産約75%である。上記のように，現在でもOEM生産を続けている企業は，自社を単なる下請けとは認識していない。同社の場合も「商品開発力」が自社の競争優位性であると認識している。すなわち，「デザインをどう表現するか」，「表現できるかどうか」を問屋側に提案する。また，東京と大阪にある出張所でフェイス・トゥ・フェイスの話し合いを行えることも同社の強みである。さらに中国進出の動機はコスト削減であり，コスト面でも問屋側の要望に応えることができる。

　他方で，同社も一部自社ブランドビジネスも開拓してきた。2004年からは「kusu」という自社ブランド製品の販売を開始し，さらにフェーズ1のOEM生産以前に使用していた自社ブランド「ダブルスター」も復活させた。

5) 小括

　ここでフェーズ2おける各社のセンスメーキングに関する分析結果を要約しておこう。上で見てきたように，現在のタオルメーカーのビジネスモデルは，「自社ブランド型」，「OEM維持・国内生産型」，「OEM維持・海外生産型」の3つに分類できる。ただし，後二者は，いずれも従来の問屋依存型のOEM生産とは異なり，企画・提案力や商品開発力といったアイデンティティに基づいているため，「提案型OEM」というビジネスモデルとしてひ

とつにまとめることもできる。ここで特に指摘しておきたい点は，フェーズ2におけるこれらのビジネスモデルの背後にあるアイデンティティには共通性があるということである。自社ブランドにおける「他社や他産地には生産できないタオル」，提案型OEMにおける「企画・提案力」，「商品開発力」といったアイデンティティは，いずれも一貫生産可能なものづくり産地としての競争力の再認識に基づいている。

3-4. アイデンティティとビジネスモデルの社会化と業界団体の役割

以上のアイデンティティとビジネスモデルは，タオル企業同士の相互作用を通じて社会化されていった。その際，大きな役割を果たしたのが四国タオル工業組合だったと考えられる。例えば四国タオル工業組合では，2001年に「消費者視点に立ったタオル業界の再生に向けて」をキーワードとして，タオル業界構造改革ビジョンのアクションプランを策定した。その4本柱は，①タオルの新製品・新用途を開発し，脱ギフトを進める，②問屋任せ，問屋依存の流通を改革し，消費者と直接つながる，③海外を含めたマーケット開拓に積極的に取り組む，④IT技術も取り入れながら，今治タオルの伝統を継承する人材育成に努めるであった。

このアクションプランの背景には，コンテックスや七福タオル等の先駆的な自社ブランド企業の取組みが影響しているものと考えられる。同様に，今井タオルや楠橋紋織等，企画・提案力によってOEM注文を確保し続けてきた企業の取組みも影響を与えていたであろう。

さらに第4章でも述べたように，同組合は，2006年度からは，国の「JAPANブランド育成支援事業」の援助を受け，「今治タオルプロジェクト」をスタートし，同年に「今治ブランド」のマーク・ロゴを制作した。その際，吸水性をはじめとする厳格な品質基準を設け，マーク・ロゴの使用の認定条件とした。こうした取組みは，上記の集積全体のアイデンティティを自己強化する効果を持っていたと考えられる。

これらのアイデンティティとビジネスモデルによって，現在，今治タオル産業集積はその優位性を維持している。すなわち，従来からのOEM市場，

さらには新たな小売市場に向けて高付加価値タオルを生産することにより，2010年から生産量が増加している。

4. おわりに

　以上，本章では，今治タオル産業集積を対象として，センスメーキングの枠組みを援用し，アイデンティティとビジネスモデルの変化という観点から，産業集積の変化のダイナミズムを分析してきた。同集積では，環境変化に対応し，従来とは異なる新たなアイデンティティとビジネスモデルを社会化することで，集積の優位性を維持してきた。

　最後に，産業集積の優位性の維持に対する本章の含意を述べる。上記のように，現在では，新たに社会化された「他では作れないタオルを作る」というアイデンティティと「自社ブランド生産」というビジネスモデルが今治タオル産業集積の優位性の軸のひとつとなっている。今治タオル産業集積のケースで注目すべき点は，同集積では，フェーズ1において，下請けとしてのアイデンティティと問屋依存のOEM生産というビジネスモデルが社会化されている期間においても，コンテックスや七福タオルのように独自のアイデンティティに基づく自社ブランド生産を行う企業が存在していたという点である。このように，環境変化の前のフェーズにおいて，すでに社会化されているアイデンティティとビジネスモデルとは異なる独自のアイデンティティとビジネスモデルが産業集積内部に確保されていたことは，同集積の環境変化への対応にとって非常に重要であったと考えられる。もっとも集積内で，こうした独自性を阻害するような声がないわけではなかった。例えば，七福タオルが自社ブランドを始めたときには，ほかから「もっと問屋さんを大事にするように」と釘を刺されることがあった。にもかかわらず同集積では，特定のアイデンティティとビジネスモデルに完全に拘束されることはなかった。結果としては，フェーズ1において，いわばマイナーであったアイデンティティとビジネスモデルが，フェーズ2においてはメジャーなそれに取って代わった。その意味で，集積内部におけるアイデンティティとビ

第6章 ダイナミズム2：環境変化への対応とセンスメーキング

ジネスモデルの一定の多様性の確保が，環境変化への対応のひとつの鍵であると言える。ただし，多様性の確保のみで環境変化に対応できるわけではない。環境変化に対応して優位性を維持していくためには，産業集積全体として，相互作用を通じて，適切なアイデンティティとビジネスモデルを選択し，社会化する必要がある。同集積の場合，適切なアイデンティティとビジネスモデルを効率的に選択・社会化する上で，四国タオル工業組合が大きな役割を果たした。

　以上のように，産業集積の優位性の維持のためには，集積内部でアイデンティティとビジネスモデルの多様性を確保し，さらに適切なアイデンティティとビジネスモデルを選択する仕組みが求められる。

Part 3

岐阜婦人アパレル産業集積内ネットワーク

第7章

メカニズム

1. はじめに

　本章では，第1章で設定した分析枠組みに基づき，岐阜県岐阜市問屋町を中心とした婦人アパレル産業集積を対象として，集積内ネットワークの構造と機能について分析していく。JR岐阜駅前の問屋町には，中小企業を中心とした婦人アパレルの製造卸企業が多く集積している。国内アパレル産業の海外移転が進む中，同集積では，現在でも国内生産を行っている。他方で，序章でも述べた通り，同集積はその衰退についても指摘されている。例えば，問屋町の製造卸企業を主な会員とする岐阜ファッション産業連合会の会員数は，1979年の1633社（岐阜県産業経済振興センター［2006］）をピークに現在（調査時点）は366社にまで減少している。

　本章では，①岐阜アパレル産業集積においても，これまで見てきた岡山ジーンズ産業集積，および今治タオル産業集積と同様の集積内ネットワークのメカニズムが働いているかどうか，および②同集積の衰退傾向を商人的リンケージ企業の仮説で説明できるかという2つのリサーチ・クエスチョンを設定した上で，インタビュー調査に基づく集積内ネットワークのメカニズムの分析を行う。

　本章の構成は以下の通りである。まず第2節では，調査の概要について述べる。続く第3節と第4節は，調査結果に基づく分析である。ここでは，調査結果に基づき，構造（第3節）と機能（第4節）の両面から岐阜アパレル産業集積内ネットワークのメカニズムについて分析する。最後に第5節で本章の議論を要約する。

2. 調査の概要

本章の調査方法は，資料調査と集積内企業でのインタビュー調査である。前者に関して，岐阜婦人アパレル産業集積の場合は，これまで見てきた2つ

表7-1 調査対象企業，および調査の概要

企業名	創業年 (設立年)	従業員数	資本金 (万円)	売上高 (2009年, 万円)	調査日	インタビュイーの役職
A社	1950 (1965)	2	1,000	5,900	2010年 8月30日	代表取締役
B社	1977 (—)	2	—	4,500	2010年 8月30日	代表者・経営者
C社	1974 (—)	2	—	12,000	2010年 8月31日	代表者・経営者
D社	1960 (1975)	7	2,200	22,000	2010年 8月31日	代表取締役社長
E社	1973 (1987)	4	1,000	7,000	2010年 8月31日	部長
F社	1981 (1996)	2	300	非公開	2010年 9月1日	代表取締役
G社	1952 (—)	6	—	11,000	2010年 9月1日	代表者・経営者
H社	1963 (1975)	4	1,500	15,000	2010年 9月2日	部長
I社	1969 (—)	3	—	15,000	2010年 9月2日	代表者・経営者
J社	2001 (—)	3	—	5,700	2010年 9月3日	代表者・経営者
K社	1963 (1974)	12	1,000	21,000	2010年 9月7日	営業部長
L社	1979 (1990)	5	1,000	9,200	2010年 9月8日	取締役会長
M社	1996 (—)	2	—	13,000	2010年 9月9日	営業

出所：インタビューにより筆者作成

の産業集積とは異なり，集積内部の各製造卸企業の取引先データが記載されている業界資料を統計資料として利用することができる。したがって，まずはこの統計資料に基づき，集積内ネットワークの構造を把握する。次に後者に関して，本研究では，問屋町を中心とした婦人アパレル製造卸企業 13 社でインタビュー調査を行った。製造卸企業を調査対象とした理由は，生産ネットワークの頂点である製造卸企業で広範な調査を行い，取引先のデータを収集することによって，上記のネットワークの全体構造を把握できると考えたためである。

調査対象企業の概要，および調査の概要は表 7-1 のとおりである。調査は 2010 年の 8 月から 9 月にかけて実施し，各企業で集積内ネットワークにおける自社ならびに取引先専門企業の役割，および取引関係について質問した。インタビュイーは 9 社については経営者であり，残りの 4 社についても全社的な取引・業務内容を把握している人物である。

3. 集積内ネットワークの構造

3-1. 統計資料から見たネットワークの構造

まず統計資料に基づき，問屋町のアパレル産業集積のネットワークの構造を見ていこう。使用する資料は，信用交換所［2009］である。同書には，岐阜県および愛知県における繊維・アパレル企業の個票データが掲載されており，その中には仕入先・外注先の企業名が記載されている。個票データのうち，岐阜県問屋町所在の婦人服製造企業は，51 社あり，その 51 社の仕入先・取引先は合計で 103 社ある。

図 7-1 は上記婦人服製造企業 51 社とそれらの仕入先・取引先 103 社の合計 154 社の取引関係のネットワーク図である[1]。各ノードは個々の企業であり，婦人服製造企業は M，仕入先・取引先は S と表示している。ノードを

---

[1] このネットワーク図は，製造卸企業（M）と仕入先・取引先（S）との間のエッジのみを扱った，いわゆる 2 モードネットワークである。つまり，OEM 等の製造卸企業同士の関係，あるいは仕入先・取引先同士の関係はエッジとして含んではいない。

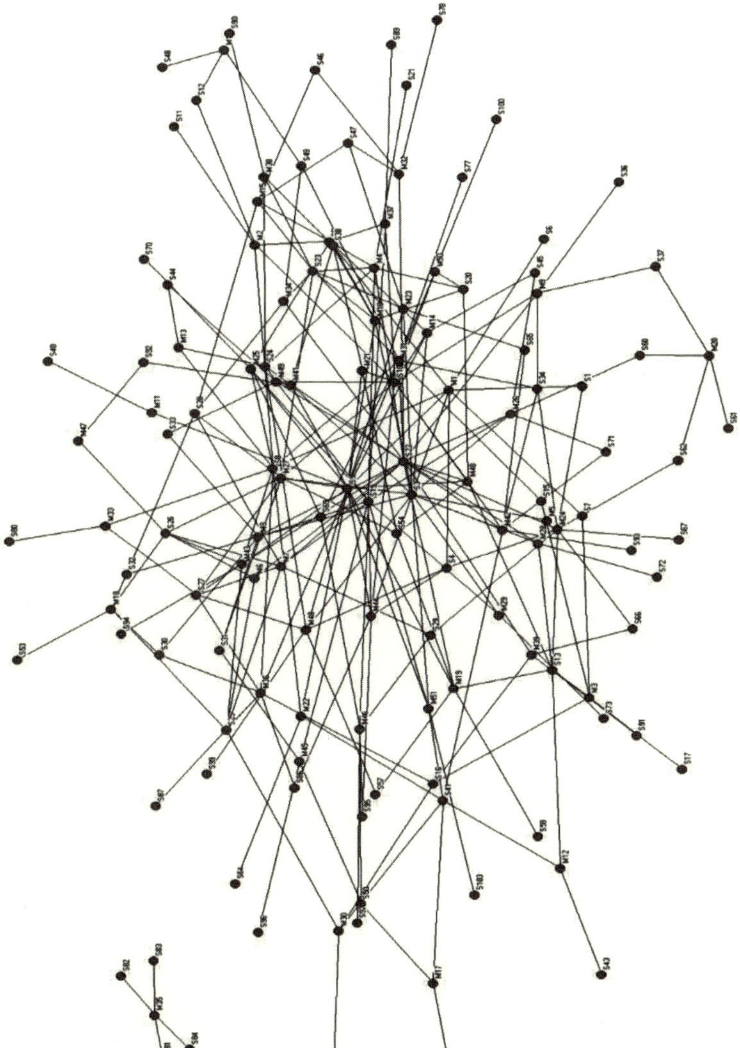

第7章 メカニズム

出所：筆者作成

図7-1 問屋町の生産ネットワーク

結ぶエッジは取引関係である。図から明らかなように、左上に表示しているM35社を中心とする5社のネットワークのみ孤立しているもの[2]を除くと、残りの149社は大きなひとつのネットワークを形成している。つまり、各婦人服製造企業は、独自の取引関係を持ちながらも、取引先が重複することによって、産業集積全体のネットワークが存在している。ただし、こうした仕入先・外注先の企業名のデータだけでは、各仕入先から何を購入しているのか、あるいはその仕入先が岐阜県内に所在しているのかといった詳細は明らかではない。次にインタビュー調査結果に基づき、より詳細なネットワーク構造について見ていこう。

3-2. インタビュー調査から見たネットワークの構造

図7-2は調査対象企業のひとつであるG社の分業ネットワークの概念図である。製造卸企業はアパレル製品の企画・開発から生産・販売までを行うが、実際の生産は自ら担当するのではなく、集積内部の専門企業に依存している。G社の場合、まず購入品として、生地が6社、ボタン・ファスナー等2社、および裏地・芯地4社と取引がある。また外注先として、裁断が1社、プレス1社、および縫製6社と取引がある。同集積においては、各製造卸企業がともにこうした個別の取引関係を構築している（表7-2参照）。インタビューによると、一部の取引先については主に生産量の調整のためにスポッ

図7-2 G社の分業ネットワーク

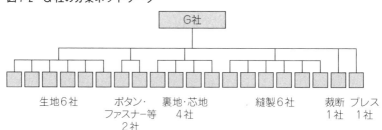

出所：インタビューをもとに筆者作成

---

[2] ただし、その他の製造企業が、主にブラウス、スカート、ジャケットなどを製造しているメーカーなのに対して、M35社は婦人用ニット専門であるため、取引先が特殊であると考えられる。

表7-2 製造卸企業の取引企業数

企業名	購入品			外注加工		
	生地	ボタン・ファスナー等付属品	裏地・芯地	縫製	裁断	プレス
A社	6	2		8	—	—
B社	7	1	2	4	—	—
C社	2	2		3	1	1
D社	8〜10	4		5	2	2
E社	3	2		2	1	1
F社	6〜7	1	1	2	—	1
G社	6	2	4	6	1	1
H社	10〜12	1	2	5	2	1
I社	5	1	1	6	2	1
J社	4	3	1〜2	7	3	1
K社	15	1	1	10	3	1
L社	5〜6	1	1	4	内製	内製
M社	4〜5	1	1	2	1	1

出所：インタビューにより筆者作成

ト的な関係もあるが，概ね取引先との関係は長期的，かつ固定的なものであるとのことであった。特に縫製に関しては，ほとんどの製造卸企業が規模の小さな縫製業者と専属の関係を構築している。

それでは，こうした各企業個別の取引関係は，産業集積全体としては，どのようなネットワークを形成しているであろうか。すでに，図7-1として，製造卸企業とその取引先との間の全体ネットワークを示したが，図7-3は，インタビューで得た主要取引先の企業名の情報をもとに作成した製造卸企業13社を中心とする生地業者と付属品（ボタン・ファスナー，裏地・芯地等）業者との企業間の生産ネットワークの全体構造である。上述のように，縫製業者は基本的に各製造卸企業の専属のため，図7-3からは割愛している。

図7-3から明らかなように，同集積では，複数の企業，取引先が交錯し合う広範な分業ネットワークが形成されている。図7-1と同様，各製造卸企業

図7-3 製造卸企業を中心とした企業間の生産ネットワーク

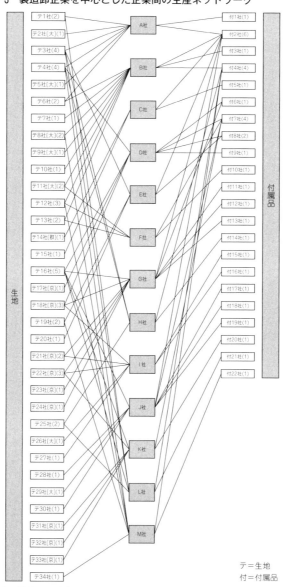

テ＝生地
付＝付属品

注：（　）内の数字は取引企業数を指す。また，[　]内は当該業者の本拠地を示す。それぞれ，大は大阪，京は京都，群は群馬である。

出所：インタビューにより筆者作成

が取引をしている専門企業が重複していることによって，各製造卸企業の分業ネットワークは飛び地として存在するのではなく，集積全体のネットワークが形成されている。この全体ネットワークの特徴としては，以下の2点が指摘できる。第1に，集積外部の生地業者との取引が占める比率が高いという点である。生地業者34社のうち，京都・大阪を中心とした岐阜県外の業者が17社と半数を占めている。特に，テ8社，テ11社，テ18社，テ21社，テ22社などは，複数の製造卸企業と取引関係がある。第2に，付属品業者は集積内部に立地しており，付2社（取引関係のある製造卸企業は6社），付4社（同4社），付7社（同4社）等に取引関係が集中している。

以上のように，同集積内ネットワークは，全体としては広範かつ重複する取引関係のネットワーク（全体ネットワーク）を形成しながらも，それは各製造卸企業を中心とした比較的強い関係を持つより有機的な複数の個別ネットワーク（部分ネットワーク）から構成されている。こうしたネットワークの構造は，第2章における岡山ジーンズ産業集積，および第4章における今治タオル産業集積と基本的に同様である。では，次にこうした構造を持つ，集積内ネットワークの機能について見ていこう。

4. 集積内ネットワークの機能

岐阜アパレル産業集積においても，本書で取り上げたほかの2つの産業集積と同様，集積内ネットワークを通じて柔軟な専門化を実現している。インタビュー調査の結果によると，調査対象企業13社は，ジャケットやズボンなどのメインとなる製品に若干の違いはあるものの，基本的にはほぼ同様の業務形態である。本節では，まず調査対象企業のうち，典型的なケースとしてG社を取り上げ，ネットワークを通じた生産・販売の実態について描出する。その上で，柔軟な専門化を実現する集積内ネットワークの機能について見ていく。

4-1. G社のケース

1）主要生産品目と価格帯

　G社の製品の売上構成比を見ると，婦人ジャケット・コートが約75～85％，婦人用ボトム・ブラウスが約15～25％である。主要製品はジャケットであり，その価格帯は小売販売価格で1万円から10万円程度となるが，主要価格帯は3万9000円である。また同社の製品がターゲットとしている年齢層は主に60～70歳代である。同社の製品は生地にシルクを使用した物が多く，高級品に位置づけられる。

2）生産面

　同社の業種は製造卸であるが，実際の製造はネットワークを活用して外部企業に委託しており，実質的な主要業務は企画・デザインとなる。まず生産面の詳細について見ていこう。生産原価に占める各工程の比率は，生地が約60～70％，付属品が約20％，縫製を中心とした加工が約20％程度である。最も構成比が高いのが生地であるが，このことは，上記のように同社の製品が原価率の高いシルクを主な素材としているためである。生地については主に5社の生地卸企業と取引があり，そのうち4社が京都の業者である。こうした業者は，週1回の頻度で同社を訪れ，生地に関する話し合いを行う。同社が使用するシルクはいわゆる「手染め」のものが多い。これはローラーやスクリーンといった機械による染色ではなく，職人が型を使って1枚1枚手で染めていく手法である。こうした手染めの染織業者は京都に多い。手染めの場合，例えば，柄の一部のピンク色がきついのでほかのピンク色に変えてくれといった注文に対応することができる。生地業者は1週間で注文に対応し，変更した生地を持参する。同社と生地業者との間では，週1回ペースのフェイス・トゥ・フェイスのやり取りを通じて，このようにカスタマイズされた生地を作り上げていく。

　他方，裏地・芯地，ボタン，ファスナー等の付属品に関しては，ほかの同業の製造卸企業と同じ岐阜の商社から購入している。

　次に縫製だが，縫製もすべて外注で，同社の場合，6社と取引がある。6社のうち，4社は同社の専属の縫製業者のような形になっており，その業者

の縫製は100%同社の注文である。こうした業者は比較的規模の小さい業者が多い。同社では，こうした小回りのきく小規模の専属縫製業者を活用して小ロットの縫製を実現している。残りの2社は，いわゆる「振り屋」と呼ばれる業者である。振り屋という業者は，複数の製造卸企業から注文を受け，複数の縫製業者に仕事を振り分けている。生地の裁断に関しては，同社の扱う量の80%は自社で行っているが，一部を岐阜市内のカッティング業者に外注している。

3）企画・販売面

次に製品企画と販売面について見ていこう。まずは販売面から。同社の販売先は，金額ベースで見て，小売筋が約80%，問屋筋が20%という比率になる。同社の主要な取引先の小売店は，百貨店に出店している小売店であり，全体の60%が百貨店関連となる。こうした百貨店関連の小売店は地理的に見ると，東京・大阪が中心となる。その他，全体の20%の小売店として，日本全国のいわゆる専門店とも取引がある。取引企業数で見た場合，取引先は問屋筋で7～8社，小売筋で20～30社となる。その中で，特に販売金額の多い主要取引先が，問屋筋で2社，小売筋で5社となる。これらの取引先は同社の製品企画にとって重要な役割を占めている。例えば，小売店の方から，よく売れている製品をサンプルとして貸し出してくれる。G社はそのサンプルを参考に製品を企画する。すなわち，マーケティングに関する情報は取引先を通じて同社に入ってくる。同社にはパタンナーが1人いるため，こうした取引先からの情報をもとに，前述の生地業者と話し合いを通じて，使用する糸や染め方を決定し，オリジナルの製品を企画していく。その際，生地業者に注文したオリジナルの生地は同社がすべて買い取るという形になる。

以上のように，同社の場合，生産・販売のネットワークを活用して，高齢者向けの高級服という特定市場向けの製品を，市場動向に合わせて柔軟に生産している。

4-2．ネットワークの機能：特定市場を対象とした「柔軟な専門化」

以上のように，G社をはじめとする製造卸企業は同集積においては，主に

部分ネットワークを活用して，柔軟な専門化という優位性を実現している。ここでは，製造卸企業を中心としたネットワークを通じて，柔軟な専門化という優位性を生み出すプロセスについて要約する。

　まず製造卸企業は，それ自体，製品開発の側面では専門能力企業と言えるが，集積におけるその最も大きな役割は，リンケージ企業としてのそれである。問屋町には，全国の地方卸商，小売店がシーズンごとにアパレル製品を買い付けに来る。各製造卸企業は，それぞれ数十社の地方卸や小売店と長期的・固定的な関係を築いており，製造卸企業がアパレル市場と産業集積とをリンクさせる役割を果たしている。その際，これらの製造卸企業は，婦人アパレル市場の中でも，特定の市場に特化している。多くの製造卸が扱う製品は60〜80歳代の高齢層であり，また，大手アパレル量販店ではカバーしきれない大きめのサイズに特化している場合が多い。各製造卸企業は，それぞれの部分ネットワークを構成する専門企業の専門能力を活用して，こうした特定市場向けの柔軟な専門化を実現している。

　製造卸企業は毎年，春夏と秋冬のシーズンの2回の製品開発を行う。製品開発プロセスにおいては，生地業者との間で，頻繁にフェイス・トゥ・フェイスの話し合いが行われる。基本的に製造卸企業は，生地業者が提供するサンプルの中から当該シーズンで使用する生地を決定するが，場合によっては上記のG社のように専用生地を発注する場合もある。ここで発注した生地は，製造卸企業がすべて買い取る。製造卸企業が，生地業者の専門能力として特に強調するのが，柄の美しいプリント生地などの生地の高い品質であり，特に京都の業者の能力を評価する製造卸企業が多い。次に生産段階では，製造卸企業はそれぞれの生産計画に基づいて縫製関連企業に注文を出す。縫製企業は各製造卸企業の専属であるため，生産リードタイムも早く，また急な生産量の増減にも柔軟に対応できる。このように，製造卸企業と各専門企業はそれぞれの部分ネットワークにおいて，密接，かつ頻繁な相互作用を通じて，特定の市場セグメントを対象とした柔軟な専門化を実現している。他方，生地業者や付属品業者が複数の製造卸企業と取引を行うという全体ネットワークによって集積全体の生産規模を確保している。こうしたネットワークの機

能に関しても基本的に第2章における岡山ジーンズ産業集積，および第4章における今治タオル産業集積のケースと同様である。

5. おわりに

　最後に，以上の分析結果に基づき，冒頭の2つのリサーチ・クエスチョンへの回答について述べる。

　まず①岐阜アパレル産業集積においても，第2章で指摘した集積内ネットワークのメカニズムが働いているかどうかという点について。これまで述べてきたように，同集積においても，構造と機能の両面において，基本的には第2章の岡山ジーンズ産業集積，ならびに第4章の今治タオル産業集積と基本的に同様の集積内ネットワークのメカニズムが確認できた。岐阜問屋町のアパレル産業集積の優位性は特定市場における柔軟な専門化であり，それは集積内ネットワークによって生み出されている。すなわち，同集積では，部分ネットワークにおける製造卸企業と専門企業との密接な相互作用を通じて高齢者向け婦人アパレル市場という特定市場のニーズにあった製品を柔軟に提供する一方で，全体ネットワークによって集積全体としての生産規模を確保している。

　次に②同集積の衰退傾向を商人的リンケージ企業の仮説で説明できるかという点について考察する。上述のように，同集積においては，市場動向に合った製品をフレキシブルに生産できる集積内ネットワークのメカニズム自体は存在している。実際，今回の調査対象企業の業態はそれ自体非常によくできたビジネスモデルである。では，こうしたメカニズムを保持していながら，冒頭で見たように，産業集積全体としての衰退傾向が見られるのはなぜか。

　ここで同産業集積固有の問題点として指摘したいのは，リンケージ企業の性質である。すでに見たように製造卸企業は，全国の地方卸，および小売店との取引を通じて，リンケージ企業としての役割を果たしている。しかしながら，各製造卸企業は，主体的に最終市場にリンクしているわけではない。

すなわち，各製造卸企業は，岡山ジーンズ産業集積における自社ブランド企業や今治タオル産業集積におけるタオルメーカーのように，都市部に直営店を持ったり，あるいは営業所の活動を通じて全国の小売店に販売するというような形で積極的に最終市場とリンクしながら，情報収集やマーケティング活動等を行っているわけではない。したがって岐阜婦人アパレル産業集積における製造卸企業は，商人的リンケージ企業とは言えない。その意味で，本章で見てきた岐阜婦人アパレル産業集積のケースも「商人的リンケージ企業の内生的発展が産業集積の優位性維持の要因である」という仮説を支持するものだと考えることができる。つまり，岐阜問屋町の製造卸企業を中心とした婦人アパレル産業集積の衰退傾向は，リンケージ企業としての製造卸企業が，積極的に自ら最終市場とリンクしてこなかったことに大きな要因があると考えることができるのである。

同集積には，現在でも「柔軟な専門化」という優位性を生み出すネットワークのメカニズム自体は残っている。岐阜アパレル産業集積が今後もその優位性を存続していくためには，上記のように都市部に直営店を持ったり，あるいは営業所の活動を通じて全国の小売店に販売するというような形で，積極的に最終市場とリンクすることによって，リンケージ企業がその「商人的」な性格を強めていく必要があると考えられる。

第8章
ダイナミズム

1. はじめに

　前章では，製造卸企業13社におけるインタビュー調査に基づき，岐阜市問屋町を中心とした婦人アパレル産業集積内ネットワークのメカニズムについて分析した。製造卸企業はアパレル製品の企画・開発から生産・販売までを行うが，実際の生産は自ら担当するのではなく，生地や付属品等の商社や縫製企業等の専門企業に依存している。各製造卸企業はこうした専門企業との取引を通じて産業集積内において生産ネットワークを形成している。同集積内ネットワークは，全体としては広範かつ重複する取引関係のネットワーク（全体ネットワーク）を形成しながらも，それは各製造卸企業を中心とした比較的強い関係を持つ，より有機的な複数の個別ネットワーク（部分ネットワーク）から構成されている。そして，部分ネットワークにおける製造卸企業と専門企業との密接な相互作用を通じて，高齢者向け婦人アパレル市場という特定市場のニーズにあった製品を柔軟に提供する一方で，全体ネットワークによって集積全体としての生産規模を確保している。こうした集積内ネットワークの構造と機能から見たメカニズムは，第2章で見た岡山ジーンズ産業集積，ならびに第4章で見た今治タオル産業集積と基本的に同様である。しかしながら，他方で，岐阜婦人アパレル産業集積においては，両集積内ネットワークにおいて優位性維持の役割を果たしている商人的リンケージ企業を確認することはできなかった。

　以上を踏まえ，本章の目的は，こうした集積内ネットワークの形成・発展プロセスについて歴史的な考察を行うことにある。以下，本章では，郷土史，業界史等の二次資料，ならびに筆者が行なったインタビュー調査結果に基づ

いて考察を行う。その際，第3章および第5章と同様に，第1章で提示した集積形成の要因，ソーシャル・キャピタル，企業家精神の3つの視点を中心に据えながら考察していく。本章の構成は以下の通りである。まず第2節では，本章が参照とする資料，ならびに既存研究の簡潔なレビューを行う。続く第3節では，集積形成の時期まで遡り，集積内の生産ネットワークの形成・変容のプロセスについて考察する。ここでは，集積創出の初期段階にすでに形成された生産ネットワークが，その後様々な変容を経て，現在でも基本的に同様のまま存続していることを示す。次に第4節では，そうしたネットワークの形成要因について分析する。ここではネットワーカーとしての製造卸企業がいかにして取引先とのネットワークを形成してきたか，および同集積において特徴的な縫製ネットワークがなぜ形成されたのか，さらにはなぜ同集積において商人的リンケージ企業が発展し得なかったのかについて議論する。最後に第5節で本章の議論を要約し，結論を述べる。

2. 岐阜アパレル産業集積の歴史に関する資料・既存研究

　岐阜アパレル産業集積の歴史に関する主要な史料・既存研究としては，以下のものが挙げられる。まず郷土史関連として，岐阜県の『岐阜県史』では，「通史編：現代」，「通史編：続現代」（岐阜県［1973, 2003］）の中で繊維産業，およびアパレル産業の歴史が概説されている。また「資料編：現代二」（岐阜県［2001］）にもアパレル産業集積に関する調査資料の抄録が収録されている。同様に岐阜市による『岐阜市史』の「通史編：現代」（岐阜市［1981］）においても繊維産業，縫製加工業，および問屋街の歴史について概説されており，「資料編：現代」（岐阜市［1980a］）には関連資料が収録されている。さらに岐阜県の経済史を扱った高木［1956］は，戦後の繊維工業史の中で，「繊維加工業の発達」として，問屋町の集積形成について述べている。次に，業界史関連としては以下のものがある。まず，岐阜繊維問屋町連合会結成20周年記念として出版された『問屋町の歩み：岐阜産地の人々』（東海繊維経済新聞社［1971］）では，終戦直後の産地形成から1970年まで

の歴史が概説されている。その後，岐阜繊維問屋町連合会は1974年に公益法人化し，社団法人岐阜既製服産業連合会となる。この岐阜既製服産業連合会が1975年に発行した『岐阜既製服産業発展史』(岐阜既製服産業連合会［1975］)では，終戦直後から1974年までの歴史がまとめられている。さらに，岐阜既製服産業連合会は，1987年に岐阜ファッション産業連合会へと名称を変更する。岐阜ファッション産業連合会が法人化20周年記念として出版した『岐阜ファッション産業発展史』(岐阜ファッション産業連合会［1995］)では，1975年から1994年までの歴史が概説されている。

また岐阜県や岐阜市，および岐阜アパレル協会等がアパレル企業や縫製企業に対して行った実態調査報告書等も史料として活用できる。主なものとしては，岐阜市の『岐阜縫製加工実態調査報告書』(岐阜市［1980b］)，『岐阜アパレル産業・縫製加工業実態調査報告書』(岐阜市［1990］)，岐阜県シンクタンクの『岐阜・衣服(アパレル)産業の生産・流通構造とその展開方向』(岐阜県シンクタンク［1977］)，岐阜アパレル協会の『岐阜アパレルの進路』(岐阜アパレル協会［1993］)等がある。

最後に学術研究では，特に同集積の歴史を扱った研究として荻久保・根岸(編)［2003］がある。同書は，当事者による地場産業形成についての証言集を作成するという目的から，後述の「ハルピン街」からアパレル産業集積形成へと至る時期の創業者を対象として，起業時の状況とその後の事業展開に関するインタビュー調査を行っている。また歴史研究ではなく，各年代におけるタイムリーな研究として同集積の実態や課題について議論しているものとしては以下の研究がある。有田［1978］は，主に1976年に行ったアンケート調査結果のデータに基づき，岐阜アパレル産業の産地構造について分析している。同様に，独自のアンケート調査から岐阜アパレル産業の現状や問題点について分析している研究としては，野原・中垣・浜川・猿田・山下・塚本［1980］(1980年のアンケート調査)，佐藤［1991］(1988年のアンケート調査)，および村上・今井［2005］(2004年のアンケート調査)等がある。そのほか，根岸［1995］や間仁田［1998］は岐阜アパレル産業の国際展開について分析している。また小池［1999］は，特に製造卸企業を中心と

した生産・販売ネットワークの観点から同集積の発展過程を分析している。

本章では，以上の資料，ならびに既存研究，および筆者が行ったインタビュー調査結果を参照し，同集積内の生産ネットワークの形成・発展プロセスについて考察していく。

3. 集積内生産ネットワークの形成・変容プロセス

3-1. 集積内生産ネットワークの形成

1) ハルピン街の建設[1]

共に江戸時代からの綿産地としての伝統に基づき，ジーンズの産業集積が形成された岡山県の児島地区や，タオルの産業集積が形成された愛媛県今治市と比較すると，岐阜市問屋町の婦人アパレル産業集積の形成プロセスは独自の特徴を有している。同集積は，上記2つのような伝統的な産地型の産業集積ではなく，戦後の引揚者による古着商を中心とした販売業者の集積として形成された。まずは集積それ自体の形成プロセスから見ていこう。

終戦時，岐阜県への引揚者を援護する施設として，国鉄岐阜駅前にバラック造りの簡易宿泊所が作られた。この簡易宿泊所の西隣りに旧満州からの引揚者を中心にいわゆる「ハルピン街」が形成された。すなわち，ハルピン岐阜県人会の高井勇，川村一正，青井正次らの引揚者が中心となり，飲食店を中心とする商店街が建設されたのである。1947年，飲食営業緊急措置法によって食料の闇販売が本格的に禁止されると，ハルピン街の人々は，古着商の鑑札を入手して軍服や毛布などの旧軍の払い下げ物資のほか，全国から古着を買い付け販売するようになった。また，同時に近隣の一宮や羽島に買付に出かけて入手した素材を加工して，ズボンやもんぺ，背広の新品を製造する現在と同様の製造卸商も生まれた。当時は，衣料品を作れば売れるという時代であり，1950年から53年頃にかけて，岐阜駅前に16町600余の商店が集積し，岐阜繊維問屋街を形成していた。

---

1 この項の記述は主に岐阜県[2003], pp.40-42, 204-206を参照。

2）集積内生産ネットワークの形成

次に，集積形成の初期段階における集積内ネットワークの状況について，1950年代半ばから60年代半ばのデータから確認しておこう。高木［1955］によると，1955年時点における岐阜駅前の繊維問屋街の状況は下記の通りであった。同街には約700軒の商店が立地し，販売額は年間350億円であった。特に男子既製服，ジャンパーの生産が中心であり，同街では，男子既製服業者約230軒，婦人子供服業者約180軒，ジャンパー業者約70軒が主力となっていた。さらに各問屋は裁断や仕立といった各種下請け業者を1問屋当たり平均約20軒擁していため，問屋街に関係する従業員は約7万人，加工用ミシン約6万台と多数に及んだ。

また，十六銀行の1954年のレポート「岐阜繊維問屋街の現状」[2]によると当時の生産・販売の状況は以下のようなものであった。まず生産に関して，問屋町の業者の80％以上は，自家工場を持たず，下請工場のみに依存している。下請工場は特定業者のための専属形態をとっているものはほとんどないため，繁忙時には下請工場の争奪が行われ，下請工場も加工賃の多寡により業者を換え安定性がない。原反の仕入に関しては，相場の上げ下げを見て隣接の尾西尾北の製品を最もよい時機に買い入れている。デザイン・色彩に関しては，販売先の交渉を受けることなく，業者独自に研究開発を行っている。販売先は地方の卸商・小売商であり，九州北海道が第1位，次いで東北，山陰，北陸，中国地方の順となっている。

表8-1，ならびに図8-1は，岐阜市が岐阜繊維問屋町連合会と協力して1964年に実施した実態調査[3]から，当時の同集積における縫製の状況と仕入商品の地区別割合を示したものである。表8-1から明らかなように，製造卸企業の自家縫製工場の縫製能力に関しては，製造加工賃，ミシン保有台数，従業員数のいずれにおいても集積全体の縫製能力の10％未満であり，

---

[2] 岐阜県［2001］，pp.183-186の抄録から引用。
[3] 調査対象企業の詳細に関しては，以下の通りである。調査票回収858枚（回収率71.5％）。そのうち問屋町連合会加盟商社676，非加盟96，無記入86。同業界加盟については，紳士服124，スポーツウェア55，婦人子供服342，学生服・作業服16，メリヤス・布帛47，織物40，非加盟178，無記入96。業態のついては，製造卸売654，卸売131，無記入75。以上については，岐阜既製服産業連合会［1975］，p.553より引用。

表8-1 1963年時点における縫製の状況

	商品の製造加工賃年間支払額(万円)	ミシン保有台数	従業員数
自家縫製工場 (構成比：%)	52,890 9.69	2,492 5.01	2,105 8.18
専属縫製工場 (構成比：%)	267,463 48.99	37,262 74.87	14,987 58.25
下請縫製工場 (構成比：%)	225,567 41.32	10,017 20.13	8,638 33.57
合計 (構成比：%)	545,920 100	49,771 100	25,730 100

出所：岐阜既製服産業連合会［1975］，p.557より作成

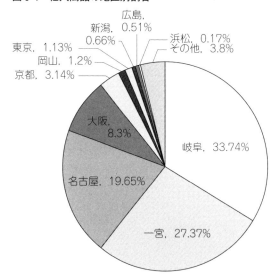

図8-1 仕入商品の地区別割合

出所：岐阜既製服産業連合会［1975］，p.556より作成

専属縫製工場，および下請縫製工場によって90％以上の縫製が行われている。また，図8-1によると，岐阜，一宮，名古屋と近隣地域からの仕入れが80％を占める一方で，すでにこの時期から大阪が8.63％，京都が3.14％と仕

入先地域として一定の比率を有していることがわかる。

以上のように,同地域では,1950年代半ばから60年代半ばの集積形成の初期段階において,すでに現在とほぼ同様の仕入や外注の生産ネットワークが形成されていたことが推察できる。次にこのように集積創出の初期段階において形成された集積内ネットワークのその後の変容プロセスについて見ていこう。ここでは,特に顕著な変化として,1960年代における大手アパレル企業の成長,および1990年代に本格化した縫製部門の海外展開の2点に焦点を当てる。

3-2. 集積内生産ネットワークの変容
1) 1960年代における大手アパレル企業の成長[4]

有田［1978］は,1961年から65年までを,問屋による自家工場建設ブームの時期としている。この時期には,自社系列下の量販店へアパレル製品を大量供給するために大手5商社（丸紅,伊藤忠,伊藤万,蝶理,日綿実業）が岐阜に進出した。このことは人手不足による縫製業者の工賃値上げ要求へとつながった。こうした縫製加工賃問題に対して,問屋側は,自家工場の建設,問屋と商社の共同出資による大型縫製工場の建設,下請の専属化等に乗り出した。その後,65年から67年にかけて,問屋町で倒産が続出したが,他方で,量販店の展開にうまく結びついた少数の企業が量販店の店舗展開とともに大手企業へと成長し,企業間格差が明確化していった。

以上のように,1960年代を通じて,同集積においては,自家縫製工場建設,および量販店との結びつき等によって一部の大手アパレル企業が成長した。

2) 縫製部門の海外展開

佐藤［1991］は,1981年以降,岐阜アパレル産業において工場の地方分散や海外への生産委託が始まったと指摘している。ここでは,岐阜アパレル業界の海外展開に伴う構造変動を分析した根岸［1995］を参照に,1980年代からの海外展開と集積内ネットワークの変容について見ていこう。

岐阜アパレル協会が1993年に所属企業76社に対して行ったヒアリング調

---
4 本項の記述は,主に有田［1978］を参照としている。

査[5]によると，93年時点で調査対象企業のうち56社が海外調達を行っていた。これらの企業のうち，海外調達の開始時期が判明する52社の中で，33社は1985年までに海外調達を開始していた。その際の調達形態はほとんどすべてが商社を介した委託加工ないし製品仕入であった。また，海外調達の主な要因は，コスト，および生産の確保であった。こうしたアパレルメーカーの海外調達の動きは，80年代半ば以降の縫製メーカーの海外進出へとつながった。当初，縫製メーカーの海外進出は，アパレルメーカーによる切り捨ての回避を目指した防衛的なものであり，アパレルメーカーの海外調達に協力するかたちをとった。しかし，直接投資を通じた海外縫製工場の経営が軌道に乗ると，従来のアパレルメーカー依存から脱却し，自らアパレルメーカー化する縫製企業も現れた。そして，90年代を通じて大手アパレルメーカー，および縫製メーカーの海外展開は加速化し，集積内ネットワークの中で縫製部門は海外移転されていった。

3-3. 小括

ここで，これまでに見てきた集積内生産ネットワーク形成・変容のプロセスを要約しておこう。終戦直後のハルピン街の古着商の集積を起源とする問屋町のアパレル産業集積では，すでに1950年代半ばから60年代半ばの時期にかけて，製造卸企業を中心に現在と同様の生産ネットワークが形成されていた。その後，60年代を通じて，一部の製造卸企業が自家縫製工場を建設し，量販店の全国展開とともに大手アパレル企業へと成長した。さらに80年代以降は，大手アパレル企業の海外展開，その後縫製メーカーの海外進出が続き，集積内部の縫製部門が海外移転された。縫製部門の海外移転によって，問屋街のアパレル産業集積の縮小傾向は加速化していったが，比較的規模の小さな従来からの製造卸企業は，集積内部に留まった小規模な縫製業者と結びつき，国内生産ネットワークを維持したのである。

次節では，集積形成の初期段階において，なぜ上記のような生産ネットワークが形成されたのか，その要因について考察する。

5 　原調査については，岐阜アパレル［1993］，pp.37-47を参照。

4. 集積内ネットワークの形成要因

4-1. 製造卸企業のネットワーク構築

　まずはネットワーカーとしての製造卸企業が，いかにしてこうした生産ネットワークを構築したのかという点から考察していこう。ここで考えられるのは，以下のような仮説である。

　戦前から岐阜県内や近隣の一宮では，織物産地として繊維アパレル産業の基盤を有していた。上述のように，終戦直後の時期に，ハルピン街において一部の先駆的な企業家達が古着から新品の衣類を販売し，新たなビジネスチャンスを顕在化させた。こうしたビジネスチャンスが顕在化したことにより，岐阜周辺において従前から繊維アパレル産業の経験を持ち，一定の知識やコネクションを持った人々が問屋町に引き寄せられたのではないだろうか。以下では，上記の東海繊維新聞社［1971］に基づき，この仮説を検証していこう。

　東海繊維新聞社［1971］には，「岐阜産地の人々」として，岐阜繊維問屋町連合会に関連する企業家179名のプロフィールと略歴，会社概要が記載されている。この179名には，問屋町の製造卸企業を中心に，その他縫製加工業，付属品・縫製資材卸業，紡績・織物業，不動産業等の企業家が含まれている。このうち，問屋町，およびその近隣に所在している製造卸企業の創業者108名について，創業年，および創業前の職業を集計した[6]。集計結果は表8-2の通りである。まず創業前の職業に関して，全体の62%が繊維・アパレル関係の職業の経験者である。創業年代別に見ると，そのほかの職業が繊維・アパレル関係を上回っているのは，終戦直後の1946-48年の期間のみであり，以降は一貫して繊維アパレル関係者の創業者の数が，そのほかの職業の創業者の数を上回っている。上記のように1946-48年の期間はハルピン街

---

[6] 問屋町，およびその近隣所在で，業種が「製造卸」，および「製造販売」と明記されている企業の他，「婦人服」，「紳士服」，「子供服」「スポーツウェア」と表記されている企業についてもプロフィール等の記述から製造卸と判断できる企業を製造卸企業と見なした。また，本社は別にあり，問屋町に営業所を設けている企業の場合は，営業所を設置した年を創業年とした。なお，製造卸ではなく，卸業の場合，また製造卸か卸業か不明な場合は，集計から除外した。

表8-2　製造卸企業家の創業年と従前の職業

創業年	従前の職業			合計
	繊維・アパレル関係	その他の職業	不明	
1946-48年	9	16	—	25
1949-51年	29	10	3	42
1952-54年	16	5	3	24
1955-57年	5	3	—	8
1958-60年	4	—	—	4
1961-63年	3	1	—	4
1964年	1	—	—	1
合計（構成比：%）	67（62）	35（32）	6（6）	108（100）

出所：東海繊維新聞社［1971］，pp.65-243から筆者作成

の期間であり，古着商から問屋町の集積が形成された時期である。この時期には，復員後に裸一貫から古着商を開始した企業家が多く，戦前の職業も製鉄所や電気技術者，教員など様々である。

　創業数が最も多いのは，続く1949-51年の期間であるが，この期間には，そのほかの職業10名に対して，繊維・アパレル関係が29名と約3倍となっている。さらに続く1952-54年の3年間も3番目に創業数が多いが，この期間においても，そのほかの職業5名に対して，繊維・アパレル関係が16名とやはり約3倍である。繊維・アパレル関係の主な職業としては，岐阜県内の呉服店や注文洋服店，名古屋の問屋や縫製工場，一宮の毛織物会社，大垣の紡績会社などである。また京都の呉服店や織物商社，および大阪の繊維関連商社や問屋等関西での繊維アパレル関係の経験を持つ企業家（10名）も多い。

　以上のように，あくまで限定的なデータに基づく分析ではあるが，これら期間においては，こうした繊維・アパレル関係の経験を持つ企業家達が，問屋町周辺の既製服販売の活況を見て参入していったことが推察できる。こうした企業家達は，生地の仕入や縫製などについて，独自の知識とネットワークを持っていたと考えられる。すなわち，これらの企業家達が，ネットワー

カーとして，岐阜県内・名古屋・一宮等の近隣地，および大阪・京都等関西方面からの生地の仕入，集積内部の縫製体制の確立といった面で生産ネットワークを構築していったと考えられる。

4-2. 縫製業の起源とネットワーク

次に，同集積において特徴的な多数の専属縫製工場，および下請縫製工場を活用した縫製のネットワークの形成について考察していく。まずは縫製業の起源について見ていこう。

1979年に岐阜市が市内の縫製加工業者750人に対して実施したアンケート調査（岐阜市［1980b］）では，創業時期と従前の職業について質問している（表8-3・8-4参照）。創業時期のピークは66-70年の時期であり，特に大半を占める個人企業は，45年以前の時期から右肩上がりで創業件数が増加している。従前の職業に関しては，繊維関係からの独立が346件で全体の56.3％と圧倒的に多い。このように岐阜のアパレル産業集積においては，60年代までの間に，繊維関係から独立した多数の個人企業が創業された。

こうした縫製企業の起源に関して，東海繊維新聞社［1971］は，当初の岐阜アパレル産業集積の縫製を担ったのは，「戦前から岐阜に在住していたテーラー」であったと指摘している。

彼らは，名古屋，大阪，京都などの洋服店に徒弟奉公をして技術を身に付けた洋服技術者，洋裁出身者であり，敗戦によって岐阜に帰郷していた。こうしたテーラーが，問屋街の業者の注文に応じて縫製を行ったのである。当初は，問屋町の製造卸から，「金はいくらでも払う，何でもいいからつくってほしいと拝むようにして頼」[7]まれる状況であった。その後，問屋町の発展とともに，他の業種からの転向も含め，縫製業者の数も増加していったが，岐阜産地に特徴的なことは，その過程で，縫製部門が家庭の主婦の内職等，社会的に拡大していったことである。例えば，こうした内職に関して，前述の荻久保・根岸（編）［2003］には縫製関係者の次のような発言がある[8]。

7　東海繊維新聞社［1971］, p.55より引用。
8　荻久保・根岸（編）［2003］, p.141より引用。

表 8-3 岐阜市の縫製加業者の創業時期

	1945年以前	1946-50年	1951-55年	1956-60年	1961-65年	1966-70年	1971-75年	1976年以降	合計
個人	32	39	64	78	90	124	59	14	500
合名	-	1	-	-	-	-	-	-	1
合資	1	2	-	1	3	-	-	-	7
有限	1	2	2	-	2	4	2	1	14
株式	4	6	8	8	2	6	4	-	38
企業組合	6	16	9	9	12	6	4	-	62
協業組合	-	-	-	-	2	-	1	-	3
合計	44	66	83	96	111	140	70	15	625
順位	7	6	4	3	2	1	5	8	

出所:岐阜市[1980b], p.32

表 8-4 岐阜市の縫製加工業者の従前の職業

	個人	合名	合資	有限	株式	企業組合	協業組合	合計	順位
繊維関係からの独立	281	-	4	8	19	34		346	1
親兄弟からの引継	28	-	1	1	3	6		39	4
農業	22	-			4	1	1	28	6
商業	21	-		2	4	2		29	5
工業	7	-			1	6		14	7
サラリーマン	92	1	2	1	6	6		108	2
その他	38	-		2	2	6	2	50	3
合計	489	1	7	14	39	61	3	614	

出所:岐阜市[1980b], p.33

　これは岐阜独特なんですけど,奥さんが「ちょっと内職やりたいから」といってミシンを貸りて,部分縫いをする外注さんがあるわけです。例えば,袖だけとか,襟だけといった外注さんが作った部品を持ってきて,工場で組み立てて製品として納めるということが一番効率的で良いわけです。
　そうした工場さんの中には,1人で1枚全部形に縫っちゃうという「1枚

縫い」という外注さんもあり，それをやると，だいたい月に何十万円という結構いいお金になるわけです。私のおつき合いしている何人かが，「お父さん，もう安い給料で会社勤めしているようだったら手伝ってよ。手伝ってくれると，私一生懸命縫いに専念すれば，お父さんは外に外注さんの工程をもうひとつ作って，そこを形にしていけば，工場になっていくんではないか…」ということで工場を始めた方が結構おるんです。

　こうしてどんどんと子請・孫請・ひ孫請が増えていき，それが今の岐阜産地としての相当な戦力になっていったと思うんです。

　こうした内職による縫製が，「下請けの下請という岐阜にみられる特殊な形態」[9]の生産ネットワークを形成した。このように家庭の内職にまで縫製が浸透した背景には，上記のように「作れば売れる」という問屋町の製造卸企業の販売の活況があったであろう。

　以上のように岐阜アパレル産業集積においては，問屋町販売の活況により，ネットワーカーとしての製造卸業者に引っ張られる形で，独自の縫製ネットワークが形成されたのである。

4-3. リンケージ企業と「待ちの商売」

　最後に，こうしたネットワーカーとしての製造卸業者がなぜ商人的リンケージ企業へと発展し得なかったかという問題を見ていこう。これまで岐阜のアパレル産業集積は，地方卸や小売店の方が買い付けに来る「待ちの商売」（小池［1999］）であった。もともと岐阜の婦人アパレル産業集積は，比較的安価な婦人アパレル全般を扱ってきた。序章で述べたように，海外から安価なアパレル製品が流入する以前は，問屋町がそうした製品の一大供給地となっていた。もともとが古着のマーケットとして始まった同集積においては，初期段階から，北は北海道から南は沖縄まで日本中から地方卸や小売店が買い付けに訪れていたのである。例えば，昭和27年（1952年）12月10日の東海繊維経済新聞には，「問屋町繁盛期」として以下のような記事が掲

9　東海繊維新聞社［1971］，p.55 より引用。

載されている[10]。

　一番，二番列車が岐阜駅へ着くころから，国鉄利用の顧客は，駅前広場を横切り，問屋町南口へ，名鉄電車利用のお客は，長住町通りから問屋町北口へ，と向かうが，全国各地から顧客は，連日幾千という数である。各店，思い思いの意匠をこらした屋根看板の下には，赤い大のぼりが立ちならんでいる。狭い通路は，人と自転車，運搬車がごったがえしていて身動きもならぬ混雑ぶりである。祭り，縁日のにぎわいである。午後，各店から出る行李詰の荷は岐阜駅に山と積まれ，顧客のあとを追って九州から北海道まで，全国の各市場へ送られていく。これが，いまでは全国一，二といわれる岐阜繊維問屋町の日日の姿である。

　また，上記のように大手商社も問屋町を活用していた。したがって，岐阜婦人アパレル産業集積は，最終市場と距離を置く形で発展してきたのである。
　集積内生産ネットワークの変容の箇所で述べたように，安価なアパレル製品の市場が海外製品に奪われていく中，一部の有力製造卸業者は岐阜の産業集積から生産機能を海外へ移転していった。他方で集積に残った製造卸業者は比較的小規模であったこともあり，従来からの「待ちの商売」を続け，市場とのリンケージ，特に新規市場の開拓の面で十分な役割を果たしてこなかったと考えられる。前章で見た高齢者向け，大きめのサイズといった特定市場セグメントへの特化も，自ら開拓したというよりはむしろ「そこしか残っていない」という側面が強い。多くの製造卸企業が廃業していく中で，本研究の調査対象の製造卸企業が現在でも生き残っている要因は，ほかの製造卸企業と比較して，有力な「固定客」としての地方卸や小売店を確保しているためであると考えられる。

10　岐阜既製服産業連合会［1975］，p. 38 より引用。

5. おわりに

　以上，本章では，岐阜市問屋町を中心とした婦人アパレル産業集積内ネットワークの形成・発展プロセスについて歴史的な考察を行った。

　同集積は，終戦直後のハルピン街の古着販売をその起源とするが，すでに集積形成の初期段階から，製造卸企業を中心とした現在とほぼ同様の集積内ネットワークが形成されていた。その後，大手アパレル企業の成長や縫製部門の海外移転によって集積内ネットワークは変容してきたが，比較的小規模な製造卸企業と縫製企業によって国内生産ネットワークは維持された。また，こうしたネットワークの形成要因として本章では，①集積形成の初期段階において，もともと繊維・アパレル関係の経験を有する製造卸企業家達がネットワーカーとなったこと，②問屋町の販売の活況に引っ張られる形で独自の縫製ネットワークが形成されたこと，および③最終市場から分断された待ちの商売に依存したことで，商人的リンケージ企業の発展が見られなかったことの3点を指摘した。

　以上を踏まえ，岐阜婦人アパレル産業集積のダイナミズムに関する独自の特徴として特に指摘したいことは，ソーシャル・キャピタルに関する特徴である。これまで見てきた岡山ジーンズ産業集積と今治タオル産業集積の場合は，江戸時代からの長い伝統を有する産地型の産業集積であり，農村の血縁・地縁関係に組み込まれる形で集積内ネットワークが発展してきた。しかしながら，戦後の古着街から始まった岐阜婦人アパレル産業集積の場合は，こうした血縁・地縁の影響はそれほど大きくはなかったと考えられる[11]。同集積内ネットワークの形成・発展に大きな影響を与えてきたソーシャル・キャピタルは，繊維・アパレル業界を中心とした人間関係ネットワークであり，いわば「業縁」であったと言える。

11　この点に関しては，筆者が行ったインタビュー調査においても確認できなかった。

終章

結論：商人的リンケージ企業の存在の重要性

　以上，本書では，岡山ジーンズ産業集積，今治タオル産業集積，および岐阜婦人アパレル産業集積を対象に，集積内ネットワークのメカニズムとダイナミズムについて分析してきた。

　ここで，本研究の主要なファインディングスを要約しておこう。まずは集積内ネットワークのメカニズムについて。この点に関して本書では，3つの産業集積に共通する固有のメカニズムを見出した。まず，集積内ネットワークの構造は以下の通りである。集積内ネットワークの頂点であるリンケージ企業，すなわち，岡山ジーンズ産業集積におけるジーンズ自社ブランド企業，今治タオル産業集積におけるタオルメーカー，岐阜婦人アパレル産業集積における製造卸企業は，それぞれ取引先である専門企業との間で独自の分業ネットワークを構築している。この個別のネットワークにおいては，一部の取引先について，主に生産量の調整のためにスポット的な関係もあるが，概ね取引先との関係は長期的，かつ固定的である。他方で，集積全体としては，各リンケージ企業が取引をしている専門企業が重複していることによって，各リンケージ企業の分業ネットワークは飛び地として存在するのではなく，集積全体のより広範なネットワークが形成されている。このように，産業集積内ネットワークは，全体としては広範な取引関係のネットワークを形成しながらも，それは各リンケージ企業を中心とした比較的強い関係を持つより有機的な複数の個別ネットワークから構成されている。本書では，前者を全体ネットワーク，後者を部分ネットワークと名付けた。

　次に，こうした構造を持つ集積内ネットワークの機能について。まず各産業集積は，主に特定の市場をターゲットとした独自の製品を生産・販売している。すなわち，岡山ジーンズ産業集積の場合は高いファッション性上の品

153

質を有する高付加価値ジーンズ，今治タオル産業集積の場合は今治タオルブランドに基づく高品質・高機能タオル，岐阜婦人アパレル産業集積の場合は60〜80歳代の高齢層向けで，大手アパレル量販店ではカバーしきれない大きめのサイズの婦人アパレルである。それぞれの産業集積における部分ネットワークの機能は，こうした特定市場における柔軟な専門化である。すなわち，ジーンズ自社ブランド企業と洗い加工企業，タオルメーカーと染色企業，および製造卸企業と生地卸企業のように，各リンケージ企業は，部分ネットワークを構成するそれぞれの専門企業との間で，密接な相互作用を通じて市場ニーズにあった製品を柔軟に提供しているのである。他方で，全体ネットワークは，集積全体としての生産規模を確保する機能を持っている。

　こうした特定市場における柔軟な専門化という集積内ネットワークの機能の中で，特に重要な役割を果たしているのが，ある種の特定のリンケージ企業群である。すなわち，岡山ジーンズ産業集積と今治タオル産業集積においては，都市部に直営店を持って製品を直販したり，日本全国の営業所の活動を通じて小売店に製品を販売するなど，積極的に最終市場とリンクし，情報収集・マーケティング活動を行った上で，市場情報と集積内部の技術情報を結びつけるリンケージ企業が集積内ネットワークの中で大きな役割を果たしている。本書では，こうしたリンケージ企業を特に商人的リンケージ企業と呼び，その内生的発展が，産業集積の優位性維持の要因のひとつであると主張した。

　さらに本書では，以上のようなメカニズムを持つ集積内ネットワークがいかにして形成・発展してきたのか，そのダイナミズムについて検証した。ここでは，それぞれの産業集積において，産業集積それ自体の形成要因，域内のソーシャル・キャピタル，企業家活動等に影響を受けながら独自の集積内ネットワークが形成・発展してきたプロセスを明らかにした。3つの集積内ネットワークのダイナミズムは以下のように要約できる。

　児島地区を中心とした岡山ジーンズ産業集積の場合，江戸時代中期の大規模な新田開発を契機に，綿産地として繊維・アパレル産業が形成された。その際，域内の瑜伽大権現が全国から多くの参拝者を集めたため，土産物とし

て真田紐や小倉織などの二次加工品（アパレル製品）の生産が発展した。他方で，典型的な農村工業から始まった児島の繊維・アパレル業はソーシャル・キャピタルとしての地元有力者を中心とした血縁・地縁のネットワークに組み込まれる形で発展してきた。このことは，企業間の分業ネットワークの形成に貢献し，また集積内での起業・独立が比較的容易な環境をもたらした。このように，もともと域内に大きな最終製品市場が存在したこと，および起業・独立が比較的容易な環境にあったことから，同集積においては，集積に新たな製品を持ち込み，市場と集積とを結びつける企業家が継続的に出現してきた。すなわち，韓人紐や腿帯子の与田銀次郎や尾崎峰三郎，学生服の角南周吉，ジーンズの尾崎小太郎や平田俊清といった企業家達である。岡山の繊維・アパレル産業集積においては，こうした先駆的な企業家の成功がデモンストレーション効果を生み，次々と新たな企業家が参入するというパターンが繰り返された。こうしたパターンの繰り返しによって，同集積においては，商人的リンケージ企業が継続的に輩出され，彼らが集積内ネットワークにおける主体的なネットワーカーとなっていくという「風土」が形成された。現在の商人的リンケージ企業を中心に優位性を維持している岡山ジーンズ産業集積内ネットワークは，以上の歴史的プロセスの延長線上にあるのである。

　今治タオル産業集積も岡山ジーンズ産業集積と同様の産地型の産業集積であり，集積内ネットワークのダイナミズムについても一定の共通性を持っている。すなわち，今治の場合も，綿花の栽培を契機に綿織物産業集積が形成され，農村工業として，農村を中心とした血縁・地縁に組み込まれながら発展してきた。そして，こうした血縁・地縁はソーシャル・キャピタルとして，同集積における多くの起業・独立を可能にし，現在へとつながる集積内ネットワークを発展させてきた。さらに，岡山ジーンズ産業集積とは，その歴史的な要因自体は異なるものの，今治の繊維・アパレル産業集積においても新たな製品を集積に持ち込み，市場と集積とを結びつけるネットワーカーとしての企業家が継続的に生まれてきた。すなわち，綿替木綿の柳瀬忠治義達，綿ネルの矢野七三郎，タオルの阿部平助，中村忠左衛門といった企業家

達である。こうした企業家達が継続的に出現した要因としては，もともと海上交通の要衝として大市場である大阪との関係が強かったこと，および今治の産業界で広く信仰を集めたキリスト教の影響が指摘できる。しかしながら，今治タオル産業集積は，昭和40年代以降，問屋を中心とした流通体制に組み込まれ，問屋依存のOEM生産が主流となり，タオルメーカーは主体的な市場とのリンケージ機能を弱めていった。さらに問屋側が調達先を海外に移したこと，および一部のタオルメーカーも海外生産を行ったことによって集積内ネットワークは弱体化していってしまった。こうした状況の中，同集積では従来とは異なる新たなアイデンティティとビジネスモデルを社会化することで，現在のような商人的リンケージ企業を中心とした集積内ネットワークを再形成し，その優位性を維持している。

　岐阜婦人アパレル産業集積の場合は，上記2つの産地型の産業集積とは異なる独自の集積内ネットワークのダイナミズムが見られた。同集積は，戦後の引揚者による古着商を中心とした販売業者の集積として形成されたが，集積形成の初期段階において，もともと繊維・アパレル関係の経験を有する製造卸企業家達がネットワーカーとなり，現在と同様の集積内ネットワークを作り上げていった。その際，同集積においては，上記2つの産業集積で見られた血縁・地縁関係ではなく，繊維・アパレル業界を中心とした人間関係ネットワークとしての業縁がソーシャル・キャピタルとして集積内ネットワークの発展に寄与した。他方で，同集積の場合，安価やアパレル製品の供給基地として，当初から地方卸や小売店の方が買い付けに来る「待ちの商売」の形態として発展してきた。その後，安価なアパレル製品の市場が海外製品に奪われていく中，一部の有力製造卸業者は岐阜の産業集積から生産機能を海外へ移転させたたが，集積に残った製造卸業者は比較的小規模であったこともあり，従来からの「待ちの商売」を続けた。したがって，同集積においては，商人的リンケージ企業が内生的に発展することはなかった。

　以上の集積内ネットワークのメカニズムとダイナミズムに関する議論を踏まえ，産業集積の優位性の維持に関する含意を述べる。上記のように，集積内ネットワークの機能の中で大きな役割を果たしているのは，商人的リン

ケージ企業であり，その内生的発展が，産業集積の優位性維持の要因である。では，どうすればリンケージ企業の発展を促すことができるであろうか。この点に関して，本書で述べてきた集積内ネットワークのダイナミズム，とりわけ成功事例である岡山ジーンズ産業集積と今治タオル産業集積のそれについて，特に注目できることは，歴史的に見ると，両集積内において，新たな製品を導入し，市場と集積とを結びつける企業家が，継続的に出現しているということである。本書では，こうした現象を，先駆的な企業家の成功がデモンストレーション効果を生み，次々と新たな企業家が参入するというパターンの繰り返しによって商人的リンケージ企業が輩出される「風土」が形成されるプロセスとして読み解いた。そして，そのプロセスのそもそもの起点は，域内に大きな市場が形成されたこと（岡山），海上交通の要衝であったこと，およびキリスト教会の影響（今治）といった歴史的な偶然である。このことを逆に考えれば，市場を意識するような何か偶然のきっかけさえあれば，こうしたプロセスが起動する可能性があると言える。

　この点で示唆に富むのは，今治タオル産業集積で取り上げた七福タオルのケースである。同社が商人的リンケージ企業として発展していくそもそものきっかけは，社長の河北氏が落語家の先輩の昇進祝いにタオルをプレゼントし，それが雑誌に取り上げられ評判となったという偶然であった。こうした市場とのリンクに関わるようなきっかけを意図的に作り出すことが，今後の産業集積支援の重要な政策課題であると考えられる。これまで，日本の産業集積支援に関わる政策は，文部科学省の知的クラスター事業に代表されるように，ナノテクや環境，情報通信等，どちらかといえばいわゆるハイテク分野におけるイノベーションや新規事業の創出に重点が置かれてきた。しかしながら，本書で取り上げた繊維・アパレル産業のような伝統的成熟産業に属する集積の場合は，むしろ市場との接点となるきっかけを提供し，集積内部のリンケージ企業を刺激することに重点を置くべきである。そして，商人的リンケージ企業の内生的な発展のプロセスをより促進するためには，第6章で見たように，集積内部でアイデンティティとビジネスモデルの多様性を確保し，さらに適切なアイデンティティとビジネスモデルを選択する仕組みを

整備する必要がある。この点で工業組合など集積内部のサポート機関群が果たす役割は大きい。

　最後に，他産業への含意について述べる。序章で述べたように，本書が研究対象とした繊維アパレル産業を取り巻く問題は，現在の日本の製造業全体のそれの先駆的な縮図となっている。これまで見てきたように，グローバル競争に伴う日本企業の国際競争力低下，国内産業空洞化という状況の中で，成功事例である岡山ジーンズ産業集積と今治タオル産業集積は，特定市場を対象とした柔軟な専門化という優位性を維持しながら生き延びている。ここで注目すべき点は，優位性を発揮している特定市場とは，いずれも高付加価値製品市場であるという点である。すなわち，岡山ジーンズ産業集積が対象としているのは，デニム生地の風合い，インディゴの発色，リアルな中古加工などファッション性上の高い品質に高い対価を支払う市場層であり，同様に今治タオル産業集積が対象としているのも，吸水性をはじめとするタオルの機能上の高品質に高い対価を支払う市場層である。現在のようなアジアを中心とした後発工業国との競争の中で日本国内の製造業が価格競争の土俵で勝負することは不可能である。本書で扱った3つの産業集積でも，価格競争で勝負する企業の場合は，国内の集積から離れ海外に製造拠点を移転している。

　本書で取り上げた繊維・アパレル産業集積からの含意は，これまで培ってきた専門企業を中心とする高い技術・ノウハウを生かしながら，高付加価値市場を開拓していくことが国内製造業の唯一の活路であるということである。その際，いずれの産業においても特に重要となるのは，積極的に最終市場とリンクし，収集した市場情報と，企業内，企業外を問わずこれまで国内に蓄積されてきた技術情報とを結びつける商人的リンケージ企業の存在である。

あ と が き

　本書は，筆者がこれまで行ってきた産業集積内ネットワークに関する研究をとりまとめたものです。本書の以下の章は，それぞれ初出の論文を基礎としていますが，本書をまとめるにあたって，大幅に加筆・修正を行っています。

第 1 章　「産業集積の分析枠組みに関する一考察～集積内ネットワークのメカニズム，およびダイナミズム～」『愛知経営論集』第 160 号　pp. 55-83，2008 年 2 月
第 2 章　「産業集積内ネットワークのメカニズム―岡山ジーンズ産業集積のケース」『組織科学』第 43 巻 4 号　pp. 73-86，2010 年 6 月
第 3 章　「産業集積内ネットワークの歴史的発展過程―岡山ジーンズ産業集積のケース」『愛知経営論集』第 162 号　pp. 1-20　2010 年 7 月
第 4 章　「今治タオル産業集積内ネットワークの構造と機能」『愛知経営論集』第 171 号，pp. 1-23，2015 年 2 月
第 5 章　「今治タオル産業集積内ネットワークの歴史的発展過程」『愛知経営論集』第 174・175 合併号，pp. 97-112　2017 年 2 月
第 6 章　「地域産業集積における優位性維持のダイナミズムとセンスメーキング―今治タオル産業集積のケース」日本地方自治研究学会（編）『地方自治の深化』清文社　pp. 83-100，2014 年 9 月
第 7 章　「産業集積内ネットワークのメカニズムについての研究―岐阜アパレル産業集積のケースから―」『愛知経営論集』第 168 号，pp. 1-16，2013 年 7 月
第 8 章　「岐阜婦人アパレル産業集積内ネットワークに関する歴史的考察」『経営総合科学』（愛知大学経営総合科学研究所）第 104 号，pp. 37-54，2015 年 9 月

　本書の執筆にあたっては，多くの方々に大変お世話になりました。まず，お忙しい中，お時間を割いてインタビュー調査にご協力いただいた企業の方々に深く感謝しております。企業の方々のご協力がなければ本書のような研究は行えませんでした。もとより本書に関して，あり得べき誤りはすべて

筆者の責任に帰するものです。さらに本書の研究は，二度の科学研究費補助金の助成（研究課題／領域番号19730272，および22730316）を受けています。こうした研究費がなければ，長期間に渡る広範なフィールドワークを行うことは叶いませんでした。ここに記して感謝申し上げます。

　また，本書の内容は，愛知学院大学の内藤勲先生が主催されておられる紫苑研究会で何度も報告させていただきました。内藤先生をはじめとして，名古屋大学の涌田幸宏先生，長崎大学の林徹先生，椙山女学園大学の石井圭介先生，同志社大学の故小橋勉先生，愛知工業大学の吉成亮先生，金城学院大学の小室達章先生，名古屋学院大学の林淳一先生，愛知学院大学の古澤和行先生には本書の内容に関して有益なアドバイスを多くいただきました。ご学恩に感謝しております。さらに本書の第2章の基礎となった上記の『組織科学』論文では，シニアエディターの国際大学の伊丹敬之先生からご指導をいただくことができました。日本の産業集積研究を代表する伊丹先生にご指導をいただけたことは，筆者にとってこの上ない僥倖でした。心より感謝申し上げます。

　最後となりましたが，本書の刊行にあたっては，株式会社白桃書房の平千枝子氏に大変お世話になりました。なお，本書の刊行は愛知大学の学術図書出版助成金の交付を受けております。ここに記して感謝申し上げます。

　2018年　初春

田中英式

引 用 文 献

阿部克行［1990］「今治綿業の創始者 首倡功 矢野七三郎」今治史談会（編）『今治史談』（創立七十周年記念）今治史談会，pp. 1-16
阿部克行［1998］「今治タオル百年物語」今治史談会（編）『今治史談』No. 4，pp. 113-128
阿部克行［2004］「キリスト教思想と殖産興業への道」今治城築城・開町400年祭実行委員会（編）［2004］『今治の歴史風景―瀬戸内ロード1300年の興亡』今治城築城・開町400年祭実行委員会，pp. 71-84
阿部克行［2006］「戦後復興の麒麟児 今井茂樹（クロースアップタオル人）」『テキスタイル・レポート今治』Vol. 8, pp. 1-2
阿部武司［1989］『日本における産地綿織物業の展開』東京大学出版会
Aldrich, H. E. [1999] *Organization Evolving*. Sage Publication（若林直樹・高瀬武典・岸田民樹・坂野友昭・稲垣京輔訳［2007］『組織進化論』東洋経済新報社）
有田辰男［1978］「岐阜アパレル産業の産地構造と構造改善政策」『名城商学』第27巻第4号，pp. 83-127
中小企業事業団中小企業研究所［1992］（編）『日本の中小企業研究：1980－1989』第1巻，第2巻 同友館
David, P. A. [1985], "Clio and the Economics of QWERTY," *The American Economic Review*, Vol. 75, No. 2, pp. 332-337.
江守英哲［2010］「現場力 池内タオル 脱OEMで倒産から再建」『NIKKEI BUSINESS』2010年5月3日号，pp. 52-54
富士キメラ総研［2016］『2016 ワールドワイドエレクトロニクス市場総調査』富士キメラ総研
藤沢久美［2009］「時代を拓く力：世界で売れた"エコ"タオル：池内計司氏」『Voice』2009年6月号，pp. 32-41
藤高豊文［2008］「今治タオルプロジェクト」『インタビュー』Vol. 33, pp. 41-52
福嶋路［2005］「クラスター形成と企業創出―テキサス州オースティンのソフトウェア・クラスターの成立過程」『組織科学』Vol. 38 No. 3, pp. 25-40
布施晶子［1992］「家族と町内会／地域社会構造とその変動」布施鉄治（編）［1992］『倉敷・水島／日本資本主義の展開と都市生活―繊維工業段階から重化学工業段階へ；社会構造と生活様式変動の論理』（第2分冊），東信堂，pp. 687-723
岐阜アパレル協会［1993］『岐阜アパレルの進路』岐阜アパレル協会
岐阜ファッション産業連合会［1995］『岐阜ファッション産業発展史』岐阜ファッション産業連合会
岐阜県［1973］『岐阜県史（通史編：現代)』岐阜県
岐阜県［2001］『岐阜県史（資料編：現代二)』岐阜県
岐阜県［2003］『岐阜県史（通史編：続現代)』岐阜県
岐阜県産業経済振興センター［2006］『地場産業等調査報告書』岐阜県産業経済振興センター

岐阜県シンクタンク［1977］『岐阜・衣服（アパレル）産業の生産・流通構造とその展開方向』岐阜県シンクタンク
岐阜既製服産業連合会［1975］『岐阜既製服産業発展史』岐阜既製服産業連合会
岐阜市［1980a］『岐阜市史（史料編：現代）』岐阜市
岐阜市［1980b］『岐阜縫製加工実態調査報告書』岐阜市
岐阜市［1981］『岐阜市史（通史編：現代）』岐阜市
岐阜市［1990］『岐阜アパレル産業・縫製加工業実態調査報告書』岐阜市
Greenhalgh, S.［1988］"Families and Networks in Taiwan's Economic Development." Wincler, E. A., Greenhalgh, S, Eds., *Contending Approaches to the Political Economy of Taiwan*, M. E. Sharp, Inc., pp. 224-245
服部民夫［2007］『東アジア経済の発展と日本―組立型工業化と貿易関係』東京大学出版会
今治郷土史編さん委員会（編）［1990a］『現代の今治 地誌 近・現代4』今治市
今治郷土史編さん委員会（編）［1990b］『政治経済と教育 資料編 近・現代1』今治市
今井賢一［1984］『情報ネットワーク社会』岩波新書
今井賢一［1986］「イノベーションとネットワーク組織」今井賢一（編）『イノベーションと組織』東洋経済新報社, pp. 315-352
今井賢一・金子郁容［1988］『ネットワーク組織論』岩波書店
稲垣京輔［2005］「スピンオフ連鎖と起業者学習」『組織科学』Vol. 38 No. 3, pp. 41-54
猪木武徳［2000］『日本の近代7 経済成長の果実 1955-1972』中央公論社
石倉洋子・藤田昌久・前田昇・金井一頼・山﨑朗（編）［2003］『日本の産業クラスター戦略：地域における競争優位の確立』有斐閣
板倉宏昭［2009］「地場産業の再生」板倉宏昭・木全晃・今井慈郎・大西平・河内一芳［2009］『ネットワークが生み出す地域力』白桃書房, pp. 1-24
伊丹敬之［1998］「産業集積の意義と論理」伊丹敬之・松島茂・橘川武郎（編）［1998］『産業集積の本質：柔軟な分業・集積の条件』有斐閣, pp. 1-23
伊丹敬之・松島茂・橘川武郎（編）［1998］『産業集積の本質：柔軟な分業・集積の条件』有斐閣
神立春樹・葛西大和［1977］『綿工業都市の成立―今治綿工業発展の歴史地理的条件』古今書院
加藤俊彦［2011］『技術システムの構造と革新―方法論的視座に基づく経営学の探究』白桃書房
経済産業省［2014］『2014年度版ものづくり白書』経済産業省
橘川武郎［1998］「産業集積研究の未来」伊丹敬之・松島茂・橘川武郎（編）［1998］『産業集積の本質：柔軟な分業・集積の条件』有斐閣, pp. 301-316
岸保行［2010］「台湾に進出した日系ものづくり企業における「場」の共創過程とセンスメーキング―Karl E. Weickの「組織化」概念を手掛かりに」東京大学ものづくり経営研究センター・ディスカッション・ペーパー, No. 139
清成忠男・橋本寿朗（編著）［1997］『日本型産業集積の未来像：「城下町型」から「オープン・コミュニティー型」へ』日本経済新聞社

小池洋一 [1999]「グローバル化と産業集積―岐阜アパレル産地の課題」 北村かよ子（編）『東アジアの中小企業ネットワークの現状と課題：グローバリゼーションへの積極的対応』アジア経済研究所，pp. 45-82

小宮隆太郎 [1988]『現代日本経済―マクロ的展開と国際経済関係』東京大学出版会

Krugman, P. [1991] *Geography and Trade*, MIT Press（北村行伸・高橋亘・妹尾美起訳 [1994]『脱「国境」の経済学』東洋経済新報社）

倉敷市史研究会（編）[2002]『新修倉敷市史　第 5 巻　近代（上）』倉敷市

Marshall, A. [1890], *Principal of Economics*, The Macmillan Press（馬場啓之助訳 [1966]『経済学原理Ⅱ』東洋経済新報社）

間仁田幸雄 [1998]「岐阜アパレル産業の海外進出をめぐる諸問題」『地域経済』（岐阜経済大学地域経済研究所）第 18 集，pp. 21-39

松原宏 [1999]「集積論の系譜と「新産業集積」」『東京大学人文地理学研究』13 号，pp. 83-110

三品一起 [1986]『三品一起のトップ対談―愛媛の経営者と語る』愛媛経済レポート出版事業部

村上克美 [2009]「今治タオルのグローバル化と自立化―世界一産地の復活は可能か」『松山大学論集』第 21 巻第 2 号，pp. 1-39

村上眞知子・今井素惠 [2005]「岐阜アパレル産業の実態調査」『岐阜市立女子短期大学研究紀要』第 54 輯，pp. 141-150

中野勉 [2007]「巨大産業集積の統合メカニズムについての考察：社会ネットワーク分析からのアプローチ」『組織科学』Vol. 40 No. 3，pp.55-65

根岸秀行 [1995]「アパレル産業における海外展開と構造変動―岐阜アパレル産業の場合」吉田良生（編）『グローバル化時代の地場産業と企業経営』成文堂，pp. 141-163

日本繊維新聞社 [2006]『ヒストリー日本のジーンズ』日本繊維新聞社

日本タオル工業組合聯合會（編）[1935]『本邦タオル工業誌』日本タオル工業組合聯合會

日経 BP 社 [2003]「シリーズ企画負けるな中小企業：顧客は自分で引き寄せる」『日経ビジネス』2003 年 4 月 14 日号，pp. 129-133

西口敏宏（編）[2003]『中小企業ネットワーク：レント分析と国際比較』有斐閣

西岡正 [1998]「企業城下町の変遷」伊丹敬之・松島茂・橘川武郎（編）[1998]『産業集積の本質：柔軟な分業・集積の条件』有斐閣，pp. 223-242

野原敏雄・中垣昇・浜川一憲・猿田正機・山下幸男・塚本隆敏 [1980]「岐阜メンズウェア業界の現状と問題点」『中小企業研究』（中京大学）No. 1，pp. 5-40

North, D. C. [1990] *Institutions, Institutional Change, and Economic Performance*, Cambridge University Press（竹下公視訳 [1994]『制度・制度変化・経済成果』晃洋書房）

額田春華 [1998]「産業集積における分業の柔軟さ」伊丹敬之・松島茂・橘川武郎（編）[1998]『産業集積の本質：柔軟な分業・集積の条件』有斐閣，pp. 49-93

額田春華・岸本太一・粂野博行・松嶋一成 [2010]『平成 21 年度ナレッジリサーチ事業　技術とマーケットの相互作用が生み出す産業集積のダイナミズム：諏訪地域では，なぜ競争力維持が可能だったのか』中小企業基盤整備機構経営支援情報センター

沼崎一郎 [1996]「台湾における老板的企業発展」服部民夫・佐藤幸人（編）『韓国・台湾の発展メカニズム』アジア経済研究所，pp. 295-318

越智真次［2012］「キリスト教の四国伝道と今治教会の設立」『地域創成研究年報』第7号，pp. 69-88

荻久保嘉章・根岸秀行（編）［2003］『岐阜アパレル産地の形成―証言集・孵卵器としてのハルピン街』成文堂

岡本義行［1997］「知識集約型産業集積の比較分析」清成忠男・橋本寿朗（編著）『日本型産業集積の未来像：「城下町型」から「オープン・コミュニティ型」へ』日本経済新聞社，pp. 119-158.

岡山経済研究所［1993a］『図説岡山経済―21世紀への新たな発展基盤を求めて』山陽新聞社

岡山経済研究所［1993b］「ジーンズ業界のパイオニア：株式会社ビッグジョン（企業紹介）」『岡山経済』16（191），pp. 48-51

大河内暁男［1979］『経営構想力』東京大学出版会

Piore, M. J. and Sable, C. F. [1984] *The Second Industrial Divide*, Basic Books（山之内靖・永易浩一・石田あつみ訳［1993］『第二の産業分水嶺』筑摩書房）

Porac, J. F., Thomas, H., and Barden-Fuller, C. [1989] "Competitive Groups as Cognitive Communities: The Case of Scottish Knitwear Manufacturers," *Journal of Management Studies*, Vol. 26 No. 4, pp. 397-416

Porter, M. E. [1980] *Competitive Strategy*, Free Press（土岐坤・中辻萬治・服部照夫訳［1982］『競争の戦略』ダイヤモンド社）

Porter, M. E. [1998], *On Completion*, Harvard Business School Press（竹内弘高訳［1999］『競争戦略論II』ダイヤモンド社）

Putnam, R. D. [1993] *Making Democracy Work*, Princeton University Press（河田潤一訳［2001］『哲学する民主主義：伝統と改革の市民的構造』NTT出版）

山陽新聞社（編）［1977］『せとうち産業風土記』山陽新聞社

佐々木スミス三根子［2000］『インターネットの経済学』東洋経済新報社

佐藤義信［1991］「アパレル企業の戦略行動について―岐阜産地を中心にして」『名古屋学教養部紀要A（人文科学・社会科学）』第35輯，pp. 51-85

Saxenian, A. [1994] *Regional Advantage*, Harvard Business School Press（大前研一訳［1995］『現代の二都物語：なぜシリコンバレーは復活し，ボストン・ルート128は沈んだか』講談社）

Schumpeter, J. A. [1961] *The Theory of Economic Development* (Translated by R. Opie), Oxford University Press (Original work published 1912)（塩野谷祐一・中山伊知郎・東畑精一訳［1977］『経済発展の理論』上下，岩波文庫）

関満博［1984］『地域経済と地場産業―青梅機業の発展構造分析』新評論

繊維流通研究会［2004, 2005, 2006, 2007］『ジーンズリーダー』各年版，繊維流通研究会

四国タオル工業組合［1982］『えひめのタオル八十五年史』四国タオル工業組合

四国タオル工業組合［2013］『今治タオルブランドマニュアル2013』四国タオル工業組合

信用交換所［2009］『繊維産業レポート　愛知・岐阜』信用交換所

Skoggard, I. A. [1996], *The Indigenous Dynamic in Taiwan's Postwar Development: The Religious and Historical Roots of Entrepreneurship*, M. E. Sharpe.

角田直一［1975］『児島機業と児島商人』児島青年会議所

高木晃吉［1956］『岐阜県経済史』大衆書房

高岡美佳［1998］「産業集積とマーケット」伊丹敬之・松島茂・橘川武郎（編）［1998］『産業集積の本質：柔軟な分業・集積の条件』有斐閣，pp. 95-129
高浦康有［2006］「センスメーキングする組織―三菱ふそうハブ欠陥事件から何を学ぶか」『日本経営倫理学会誌』第 13 号，pp. 151-157
田中英式［2006］「「産業クラスター計画」に伴うネットワークの実態と効果―沖縄健康食品のケースから」『愛知大学経営論集』第 153 号，pp. 11-33
田中英式［2013］『直接投資と技術移転のメカニズム―台湾の社会的能力と二次移転』中央経済社
多和和彦［1959］『児島産業史の研究：塩と繊維』「児島の歴史」刊行会
東海繊維経済新聞社［1971］『問屋町の歩み：岐阜産地の人々』東海繊維経済新聞社
遠山恭司［2010］「産業集積地域における持続的発展のための経路破壊・経路創造―日本とイタリアにおける眼鏡産業集積比較研究」植田浩史・粂野博行・駒形哲哉（編著）『日本中小企業研究の到達点：下請制，社会的分業構造，産業集積，東アジア化』同友館，pp. 91-123
鶴田俊正［1984］「高度成長期」小宮隆太郎・奥野正寛・鈴村興太郎（編）『日本の産業政策』東京大学出版会，pp.45-76
通商産業省通商産業政策史編纂委員会［1993］『通商産業政策史　第 14 巻―第Ⅳ期　多様化時代 (3)』通商産業調査会
Weick, K. E.［1979］The Social Psychology of Organizing, 2nd Edition, McGraw-Hill（遠田雄志訳［1997］『組織化の社会心理学（第 2 版）』文眞堂）
Weick, K. E.［1995］Sensemaking in Organizations,. Sage Publications（遠田雄志・西本直人訳［2001］『センスメーキング イン オーガニゼーションズ』文眞堂）
山崎朗［2005］「変容する日本型産業集積―イノベーティブクラスターへの遷移に向けて」橘川武郎・連合総合生活開発研究所編『地域からの経済再生―産業集積・イノベーション・雇用創出』有斐閣，pp. 129-157
山崎朗（編）［2002］『クラスター戦略』有斐閣
山崎充［1977］『日本の地場産業』ダイヤモンド社
山澤逸平［1983］「繊維産業」小宮隆太郎・奥野正寛・鈴村興太郎（編）『日本の産業政策』東京大学出版会，pp. 345-366
矢野経済研究所［1989, 1990, 1991, 1992, 1993, 1994, 1995, 1996, 1997, 1998, 1999, 2000, 2001］『ジーンズ白書』各年版，矢野経済研究所
矢野経済研究所［2002, 2003, 2004, 2005, 2006, 2007］『ジーンズカジュアル白書』各年版，矢野経済研究所
義永忠一［2004］「「縮小」期における人的ネットワークの課題―コーディネイト企業における人的ネットワークの形成過程からの考察」植田浩史（編著）［2004］『「縮小」時代の産業集積』創風社，pp. 107-126

人名索引

あ 行

青井正次 …………………………………… 140
阿部平助 ……………………………… 96, 98, 99
池内計司 …………………………………… 116
伊丹敬之 …………………………………… 19
今井賢一 …………………………………… 26
今井秀樹 …………………………………… 117
尾崎小太郎 ……………………………… 67, 68
尾崎峰三郎 …………………………… 66, 67, 70

か 行

柏野卯八郎 ………………………………… 67
柏野静夫 …………………………………… 68
川北泰三 ……………………………… 113, 114
川村一正 …………………………………… 140
橘川武郎 …………………………………… 19
近藤憲司 …………………………………… 113

さ 行

角南周吉 ……………………………… 67, 70

た 行

髙井勇 ……………………………………… 140

な 行

内藤喜一 …………………………………… 67
中村忠左衛門 …………………………… 97, 98, 99
西山改一 …………………………………… 67

は 行

平田俊清 ……………………………… 67, 69
麓恒三郎 ……………………………… 96, 99
古市建太郎 ………………………………… 67

ま 行

松島茂 ……………………………………… 19
森荒太郎 …………………………………… 67

や 行

柳瀬忠治義達 ………………………… 94, 99
矢野七三郎 ……………………………… 95, 98, 99
与田栄七 …………………………………… 66
与田銀次郎 …………………………… 66, 67, 70

アルファベット

オルドリッチ（Aldrich），H. E. ………… 36
デービッド（David），P. A. …………… 30
クルーグマン（Krugman），P. ………… 19
マーシャル（Marshall），A. … 16, 17, 18, 19, 30
ノース（North），D. ……………………… 30
ピオリ（Piore），M. J. ……………… 18, 20
ポーター（Poter），M. E. ……… 15, 22, 23, 24
パットナム（Putnam），R. D. …………… 32
セーブル（Sabel），C. F. …………… 18, 20
サクセニアン（Saxenian），A. ………… 21
シュンペーター（Schumpeter），J. A. … 35

事 項 索 引

あ 行

- アイデンティティ……………………22, 111
- 後晒し…………………………………………75
- 洗い加工………………………………………52
- 洗い加工メーカー……………………………54
- アントレプレナー……………………………35
- イタリア………………………………18, 32, 33
- イナクトメント……………………………110
- イノベーション…………………………23, 35
- 井原……………………………………………5
- 今治市…………………………………………6
- 今治タオルプロジェクト………………90, 119
- 色落ち…………………………………………5
- インディゴ……………………………………43
- インパナトーレ………………………………19
- ヴィンテージ加工……………………………43
- エッジ……………………………………26, 128
- 江戸時代…………………………………4, 6, 94
- エレクトロニクス……………………………8
- 大阪……………………………………… 96, 99
- 小倉……………………………………………64
- オゾン漂白………………………………88, 89

か 行

- 海外展示会……………………………………52
- 外部経済………………………………………16
- 学生服…………………………………………67
- 華人ネットワーク……………………………33
- カスタマイズ設備……………………………53
- 革パッチ………………………………………43
- 韓国……………………………………… 2, 4, 9
- 韓人紐…………………………………………66
- 企業家精神……………………………4, 34, 35, 67
- 企業城下町型の産業集積……………………9
- 機業地…………………………………………62
- 紀州ネル………………………………………95
- 岐阜アパレル産業集積の歴史……………138
- キリスト教……………………………………99
- 偶然……………………………………… 30, 31
- クラスター……………………………………22
- 経営構想力……………………………………36
- 経路依存性…………………………………30, 33
- 血縁……………………………………33, 63, 98
- 業縁…………………………………………151
- 高額ジーンズ……………………………51, 52
- 高付加価値ジーンズ…………………………5
- 児島……………………………………………5
- コンサート……………………………………89

さ 行

- 在来産業………………………………………4
- 先晒し…………………………………… 75, 88
- 真田紐…………………………………………64
- サプライヤー………………………………8, 9
- 晒し……………………………………………75
- 産業空洞化……………………………………9
- 産業集積内ネットワークの構成メンバー……27
- 産業集積内ネットワークの構造……………26
- ジーンズの生産工程…………………………43
- 四国タオル工業組合……………………90, 119
- 自社ブランド型………………………………78
- 自社ブランド企業………………………42, 43
- 自社ブランド方式…………………………114
- ジッパー………………………………………43
- 自動車…………………………………………8
- シャーリング…………………………………77
- 集積内ネットワークの機能………27, 85, 131
- 集積内ネットワークの構造……………46, 82
- 集積内ネットワークのダイナミズム……29, 30
- 集積内ネットワークのメカニズム………26, 42
- 集積の形成要因………………………………31
- 「柔軟性」の実現プロセス…………………54
- 柔軟な専門化……………………… 18, 54, 134
- 商人……………………………………………57
- 商人的リンケージ企業…………………57, 87
- シリコンバレー………………………………21
- シルク………………………………………132
- 新田……………………………………………59
- ステッチ………………………………………43
- スピンアウト…………………………………64
- 整経……………………………………………77
- 製造卸………………………………………128
- 製造卸企業のネットワーク構築…………145
- 製品開発………………………………………43
- セルビッチ……………………………………53
- セレクトショップ………………………51, 57
- 繊維・アパレル産業集積……………………1
- 泉州……………………………………………75
- 染色……………………………………………82
- 染色企業……………………………………101
- 染色工程………………………………………75
- センスメーキング…………………………109
- 全体ネットワーク…………… 50, 55, 85, 131
- 全体ネットワークの意味……………………55
- 戦略グループ………………………………110
- ソーシャル・キャピタル……… 31, 32, 33, 34, 64
- 染晒加工…………………………………82, 88

事項索引

た行

腿帯子 …………………………………………… 66
台湾 …………………………………… 2, 4, 9, 33
タオルケット …………………………………… 80
タオル産業の歴史 ……………………………… 96
タオルの生産工程 ……………………………… 75
地縁 ………………………… 33, 63, 94, 102, 104, 105
中古加工 ………………………………………… 43
中国 ………………………………………… 4, 9
紐帯 ……………………………………………… 36
直営店 …………………………………… 51, 117
提案型 OEM ………………………………… 118
テーラー ……………………………………… 147
テキスタイル卸 ………………………… 54, 56
デニム生地 ……………………………………… 43
問屋町 …………………………………… 7, 124
飛び地 …………………………………… 27, 48
問屋 ……………………………………………… 78
問屋取引 ………………………………………… 86

な行

内職 …………………………………………… 148
ナショナル・ブランド ………………………… 44
捺染 …………………………………… 77, 81
奈良時代 ………………………………………… 94
日露戦争 ………………………………………… 4
ネットワーカー ………………… 57, 66, 99, 145, 146
ネットワーク …………………………………… 26
ネットワークの機能 ………………………… 133
ネットワークの構造 ………………………… 128
撚糸 …………………………………… 75, 81, 102
ノード ……………………………………… 26, 126

は行

ハイブランド …………………………… 81, 86, 112
バブル経済 …………………………………… 111
ハルビン街 …………………………………… 140
ヒゲ ……………………………………………… 53
ビジネスモデル ……………………………… 111
漂白 ……………………………………………… 88
風土 …………………………………… 70, 155
フェイス・トゥ・フェイス ………… 54, 132, 134
部分ネットワーク ……………… 50, 55, 85, 131
部分ネットワークと全体ネットワークの共存 56
プリント加工 ………………………………… 101
分業ネットワーク ……………………… 46, 48
縫製メーカーの海外展開 …………………… 144
香港 ……………………………………………… 2, 4

ま行

待ちの商売 ……………………………… 149, 150
メンタルモデル ……………………………… 110
綿ネル ………………………………………… 95
木綿 ……………………………………………… 59

や行

瑜伽大権現 …………………………………… 60

ら行

ライセンス …………………………………… 112
ライセンスブランド …………………………… 86
老板 ……………………………………………… 34
リベット ………………………………………… 43
リンケージ企業 ……………………… 21, 29
リンケージ企業としての自社ブランド企業 … 51
リンケージ企業としてのタオルメーカー …… 86
ルート 128 ……………………………………… 21

わ行

ワークショップ ………………………………… 33
綿替木綿 ………………………………………… 94

アルファベット

ASEAN ………………………………………… 3
G パン ………………………………………… 68
JAPAN ブランド育成支援事業 ………… 91, 119
OEM ………………………………… 78, 79, 86, 112
OEM 維持・国内生産型 ……………………… 80
QWERTY ……………………………………… 30

■著者紹介

田中英式（たなか・ひでのり）

愛知大学経営学部経営学科教授。1972年生まれ。1996年関西大学法学部卒業。2001年名古屋大学大学院国際開発研究科博士後期課程単位取得退学後，愛知大学経営学部経営学科専任講師。2014年より現職。『直接投資と技術移転のメカニズム―台湾の社会的能力と二次移転』（中央経済社，2013年）等，著書・論文多数。2011年，「産業集積内ネットワークのメカニズム―岡山ジーンズ産業集積のケース」（『組織科学』Vol.43 No.4，2010年）で第27回組織学会高宮賞（論文部門）を受賞。

■地域産業集積の優位性
　ネットワークのメカニズムとダイナミズム

■発行日──2018年2月26日　初版発行　〈検印省略〉

■著　者──田中英式
■発行者──大矢栄一郎
■発行所──株式会社　白桃書房
　　　　　〒101-0021　東京都千代田区外神田5-1-15
　　　　　☎ 03-3836-4781　📠 03-3836-9570　振替00100-4-20192
　　　　　http://www.hakutou.co.jp/

■印刷・製本──三和印刷

©Hidenori Tanaka 2018　Printed in Japan
ISBN978-4-561-26708-9　C3034

本書のコピー，スキャン，デジタル化等の無断複製は著作権法上での例外を除き禁じられています。本書を代行業者の第三者に依頼してスキャンやデジタル化することは，たとえ個人や家庭内の利用であっても著作権法上認められておりません。

JCOPY　〈(社)出版者著作権管理機構委託出版物〉
本書の無断複写は著作権法上での例外を除き禁じられています。複写される場合は，そのつど事前に，(社)出版者著作権管理機構（電話 03-3513-6969，FAX 03-3513-6979，e-mail: info@jcopy.or.jp）の許諾を得てください。

落丁本・乱丁本はおとりかえいたします。

好 評 書

需要変動と産業集積の力学
――仲間型取引ネットワークの研究

加藤厚海著

東大阪の金型産業に焦点をあて，その産業集積の存続メカニズムを解明にするにあたり，産業集積内の分業構造の機能だけでなく，その形成プロセスに注目。分業構造が新たな創業によって形成されていることを明らかにする。　　　　　　　　　　　　　　　　本体価格3300円

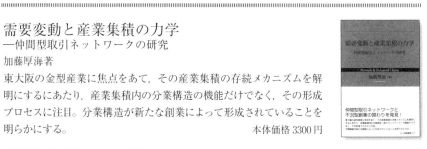

産業クラスター戦略による
地域創造の新潮流

税所哲郎編著

開発途上国や社会主義国をも含むアジア，ヨーロッパの多様な産業クラスターについての多様なバックグラウンドを持つ研究者等による調査・研究。研究者はもとより，地域振興・産業政策等に関わる実務者の参考に供する書。　　　　　　　　　　　　　　　　　本体価格3000円

地域商業の底力を探る
――商業近代化からまちづくりへ

矢作敏行・川野訓志・三橋重昭編著

これまでの地域商業政策を丁寧にレビューしながら，鶴岡市・長岡市・甲府市・高松市の地方4都市と立川市・船橋市の首都圏2都市を現地調査し，様々な施策の光と影に照射。地域社会と繋がる商業の文化発信力にも着目。　　　　　　　　　　　　　　　　　　本体価格3400円

技術システムの構造と革新
――方法論的視座に基づく経営学の探究

加藤俊彦著

新たな技術の発展過程を分析対象として，「経営現象における革新とは何か」「革新をめぐる過程の全体像とはいかなるものか」という〈革新〉の本質を考察。経営学における方法論の深層の問題にまで立ち返り根源的に検討。　　　　　　　　　　　　　　　　　　本体価格4400円

白桃書房

本広告の価格は税抜き価格です。別途消費税がかかります。